미래 교육을
멘토링하다

.

미래 교육을 멘토링하다

김지영 지음

NEW NOR MAL

SOULHOUSE

Prologue

—

전혀 새로운 미래를 만나다

전작인《다섯 가지 미래 교육 코드》에서 우리 아이들에게 미래에 필요한 가장 핵심적인 역량으로 '자기력, 인간력, 창의융합력, 협업력, 평생배움력'을 제시한 바 있다. 이 다섯 가지 코드는 건강의 질을 높이기 위해 꼭 섭취해야 하는 '탄수화물, 지방, 단백질, 비타민, 무기질' 같은 필수 영양소와 같은 개념이다. 물론 다른 영양소도 있지만 결핍이 생기면 문제가 생길 수 있다는 점에서 필수 영양소는 중요하며, 반드시 적절히 섭취해야 한다. 자기력, 인간력, 창의융합력, 협업력, 평생배움력도 마찬가지다. 변화하는 미래에 우리 아이들이 자신이 하고자 하는 바를 찾아 이를 성취하기 위해서는 지금부터 이 다섯 가지 역량을 적절하게 길러줄 수 있어야 한다.

《다섯 가지 미래 교육 코드》를 펴내고 시간이 흘렀지만 변화무쌍한 상황을 돌파할 수 있는 답을 만들어가려면 자기력, 인간력, 창의융합력, 협업력, 평생배움력이라는 힘이 필요하다는 생각에는 큰 변함이 없다.

그러던 2020년, 우리에게 닥쳐올 미래에 대해 진지하게 고민하게 만드는 사건이 갑자기 들이닥쳤다. 짐작하다시피 코로나19이다. 코로나19라는 예상치 못한 사건을 경험하면서 우리 모두는 지금까지 우리가 경험해 온 현재가 특별한 변화 없이 지속할 것이라는 생각이 잘못된 생각이었음을 깨닫게 되었다.

3월이 되면 개학을 하고, 개학을 하면 아이들 모두 학교에 가서 수업을 받는 '늘 그래 왔던 일'이 가능하지 않다는 것을 알게 되었다. 아침에 아이들을 유치원이나 학교에 보내고 회사에 출근해서 회사 동료들과 함께 이야기하면서 식사를 하는 일상이 가능하지 않다는 것을 알게 되었다. 그러면서 많은 사람이 깨닫게 된 사실은 '앞으로는 지금과는 다르겠구나.'라는 것이다.

코로나19는 교육의 판 역시 무자비하게 흔들어 놓았다. 그 흔들림 때문에 한편으로는 너무 힘들고 불안했지만 다른 한편으로는 흔들림 없이는 보기 어려웠던 것을 볼 수 있는 기회를 만났다. 이제 우리는 확실히 알게 되었다. 우리 아이들이 살아갈 미래가 어떤 모습인지에 대해서 여전히 아는 바가 없지만 우리가 살았던 시대와는 전혀 다른 시대가 되리라는 것을, 그러니 이제는 정말 새로운 미래를 살아야 할 아이들을 위해 진지하게 고민해야 한다는 것을.

코로나19로 당장 학교에 가지 못하는 상황을 경험하면서 포스트코로나 시대 교육이 어떻게 변화하는지에 대한 관심이 높다. 누구도 미래에 대해 정확하게 예측할 수 없고 교육전문가인 나도 마찬가지다. 다만 내가 예측할 수 있는 것은 앞으로 우리의 예측이나 상상을 넘어선 다양한 상황이 펼쳐지게 될 것이고, 우리는 늘 그런 상황에 노출되어 살아가리라는 것이다. 다른 말로 표현하면 이제는 누구도 "이런 방법을 쓰세요.", "이것이 답입니다." 하고 말할 수 있는 시대가 아니다.

코로나19로 인한 전반적인 사회의 변화와 교육의 변화는 우리가 아이들을 위해 좀 더 '시급하게' 신경을 써야 할 역량이 무엇인지에 대해 고민하게 하고 있다. 나 역시 교육자이자 학부모로서 깊은 고민을 해왔다. 그리고 이 책을 통해 그 고민의 내용을 나누고자 한다. 1장과 2장에서는 코로나19가 가져온 교육의 변화와 앞으로 교육이 고민하고 해결해야 할 문제에 대해 다룬다. 3장에서 7장까지는 포스트코로나 시대에 더욱더 중요해질 능력이 무엇인지를 소개한다. 자신의 마음을 다루는 능력, 더불어 사는 능력, 디지털 리터러시, 혼자서 학습하는 힘, 자기 삶을 디자인하는 능력이 그것인데, 자녀가 이런 능력을 키워나가는 데 부모가 어떻게 도울 수 있는지 구체적으로 안내한다.

책을 집필하는 몇 달 사이에도 국내 일일 코로나19 감염자 수는 계속 오르락내리락했으며, 그에 따라 학교 수업에 대한 지침도 계속 바뀌었다. 그러면서 이 책의 내용도 계속 업데이트가 되어야 했다. 우리가 정말 요동치는 시대에 살고 있다는 것을 실감할 기회였다.

불확실성이 많은 시대, 답이 없는 시대를 살아가는 것은 책을 쓰는 일을 더욱더 부담스럽게 만든다는 사실 역시 이 책을 쓰면서 많이 느꼈다. 그런데도 좀 더 많이 고민한 사람으로서, 조금 더 현장에 가깝게 있는 사람으로서, 혹은 조금 더 큰 시각에서 볼 수 있는 사람으로서 교육자나 부모에게 줄 수 있는 메시지들을 이 책에 담아보았다.

아무쪼록 포스트코로나 시대 교육에 관해서 이 책이 던지는 화두가 미래 교육과 미래 역량에 대해 좀 더 진지한 고민을 끌어낼 마중물이 되길 소망한다.

교육학자 김지영

차 례

–

Chapter 7. 자기 삶을 스스로 디자인하라

COVID
-19

Chapter 1

코로나19가
뒤흔든 교육

미래 교육,
가까이하기엔 멀었던 이야기

《다섯 가지 미래 교육 코드》를 출간한 지 3년이 지났다. 그 책의 내용을 주제로 그동안 100번이 넘는 강의를 하면서 3,000명 이상의 사람들을 만나 미래 교육, 자녀 교육, 교육의 변화 등에 대한 이야기를 나눌 기회를 가졌다. 부모님들을 만나서 앞으로 어떻게 자녀를 키워야 하는지에 관해 이야기를 나누었고, 학교 관리자 및 교사들을 만나서 우리의 교육 방식이 어떻게 바뀌어야 하는지에 관해서도 이야기를 나누었다. 미래 교육, 미래 역량에 대한 이야기를 나누면서 현장에서 이런 반응을 많이 만났다.

"미래 교육의 방향에 대해서는 공감하지만 우리 교육 안에서는 이상적인 이야기이다."

"아직 우리 교육은 미래 역량을 키워줄 준비가 되어있지 않다."

"여기저기에서 미래 교육에 대해 이야기를 하지만 뭔가 손에 잡히는 건 없는 것 같다."

"미래 교육에 대한 제언만 있고 실제 변화는 없는 게 답답하다."

많은 사람의 마음에는 '아직은', '언젠가는', '과연 가능할지', '현실적으로 어려운'과 같은 '단념' 혹은 '저항'의 목소리가 늘 남아있었다.

또 한 가지 발견한 사실은 사람들이 꿈꾸는 미래 교육의 모습이 각기 다르다는 것이다. 어떤 사람은 '미래 기술'이 미래 교육을 가능하게 한다고 생각한다. 그래서 미래 교육을 떠올리면 4차 산업혁명 시대의 기술들로 좀 더 스마트해진 교실, 스마트해진 교육 방법을 생각한다. 반면 어떤 사람들은 미래 교육을 지금처럼 모든 학생에게 같은 내용을 같은 방식으로 가르치는 것이 아닌 개인에게 맞춤화된 교육을 제공하는 것으로 그린다. 학생 개개인이 가진 잠재력을 잘 찾아서 그것이 잘 발현될 수 있도록 키워주는 데 집중하는 교육이다. 전자의 시점이 미래 교육을 가속하는 '도구'에 초점을 맞추고 있다면, 후자의 시점은 미래 교육이 제공하는 '가치'에 초점을 맞추고 있다.

내가 생각하는 미래 교육은 한마디로 우리 아이들이 '미래 시대에 잘 적응할 수 있도록 도와주는 교육'이다. 사실 어찌 보면 이것이 교육의 본질이라고 할 수도 있다.《4차원 교육 4차원 미래역량》(버니 트릴링 외, 새로운봄)의 저자들도 교육의 본질에 대해 다음과 같이 말한다.

"교육은 이론적으로 우리 아이들이 다가올 미래에 잘 적응할 수 있도록, 그리고 적극적인 자세로 더 나은 미래를 만들어나가도록 능력을 키우는 것을 의미한다."

우리 아이들이 미래 시대에 잘 적응하도록 돕기 위해서는 '과거의 공식'이나 '현재의 관습'에서 벗어나 가까운 미래, 혹은 먼 미래에 살고 있을 우리 아이들을 계속 떠올릴 수 있어야 한다. 그리고 이런 질문을 던져보아야 한다.

"아이들이 그때 잘 달릴 수 있도록 하려면 지금부터 어떤 역량을 키워주어야 할까?"
"그런 역량을 키워주려면 교육은 어떻게 바뀌어야 할까?"
"교육이 그렇게 바뀌기 위해 우리는 어떤 내부적, 외부적 자원을 활용해야 할까?"

그런데 아이들을 가르치는 교사도, 아이들을 키우는 부모도, 그리고 아이들도 모두 그 미래에 가보지 못했다. 그러니 누구도 다가올 미래에 대해 정확한 그림을 그리지 못한다. 아직 오지 않은 미래, 명확한 그림이 그려지지 않는 미래보다는 내가 직접 경험해본 과거, 혹은 지금 체감이 되고 손에 잡히는 현재의 힘이 더 세다. 그러니 미래에 대한 고민이나 대비보다는 현실에 적응하거나 하던 대로 움직이기가 더 쉽다. 미래 교육은 그래서 늘 가까이하기엔 너무 먼 이야기였다.

갑자기 들이닥친 코로나19와
그로 인한 교육의 변화

2019년 12월 31일 중국 우한에서 첫 확진자가 보고되었을 때, 어느 누구도 코로나19가 지금처럼 전 세계적으로 확산하리란 것을 예측하지 못했다. 2020년 1월에 우리나라에서 확진자가 한두 명씩 발생했을 때 역시, 코로나19가 학교 개학을 몇 차례 연기할 정도로 심각해지리라 예측한 이는 없었다. 그러나 코로나19의 위세는 맹렬했고 전 세계의 경제, 정치, 사회 전반에 큰 파장을 미쳤다. 우리나라도, 그리고 우리의 교육도 예외일 수는 없었다.

2020년 2월 23일 감염병 위기 경보가 심각으로 상향되면서 우리나라 교육부는 학교 개학을 3월 2일에서 1주일 연기하였고, 이후 몇 차례 추가로 개학을 연기한 끝에 결국 4월 9일부터 고3과 중3을 시작으로 우리 역사상 처음으로 온라인 개학을 했다. 더 이상 대면 학습을 미루기 어려워지자 5월 20일부터는 고3 학생들부터 1차적으로 등교 수업을 재개했으나 결국 2020년 1학기는 최소한의 등교 수업과 원격 수업을 병행하는 것으로 마무리되었다. 대학의 경우에도 처음에는 개학을 연기하다가 결국은 전면 온라인 비대면 수업으로 한 학기를 진행하였다.

2020년 8월 코로나 확진자 수가 통제 가능한 수준으로 줄어들자 교육 현장에서는 2학기 등교 수업에 대한 기대를 하게 되었다. 그러나 2학기 개학을 앞두고 코로나 신규 확진자가 갑자기 급증하기 시작했고, 사회적 거리 두기가 2단계로 격상되면서 그 기대는 무산되었다. 수도권의 경우 코로나 확산을 막기 위해 고3을 제외한 유·초·중·고교 수업이 8월 26일부터 원격 수업으로 급하게 전환되었으며, 코로나가 진정세를 보이지 않으면서 사회적 거리 두기 2단계가 연장되자 학교 현장에서도 강화된 밀집도 최소화 조치를 9월 20일까지 연장하였다. 수도권의 경우 9월 21일부터 학생 밀집도를 최소화하여 등교를 다시 시작했지만, 등교수업일 확대에 대해서는 10월 11일까지 감염증 추이를 살펴보고 다시 조정할 계획이라고 교육부는 밝혔다. 코로나19 확산의 진정세를 예측할 수 없는 상황에서 남은 2학기 수업의 방향이나 이후 수업이 어떻게 정해질지도 미지수이다. 그러나 분명한 것은 코로나19가 교육에 미친 여파가 학교, 교사, 학부모, 학생들 모두에게 풀기 어려운 숙제를 쏟아내고 있다는 것이다.

처음으로 경험한 온라인 개학, 그리고 원격 수업

2020년 4월, 온라인 개학이 결정되고 나서 교육부는 '체계적인 원격 수업을 위한 운영 기준안'을 발표했다. 기준안에 따르면 원격 수업을 학교와 학생의 여건에 따라 실시간 쌍방향 수업, 콘텐츠 활용 중심 수업, 과제 수행 중심 수업, 그 밖에 교육감·학교장이 인정하는 수업 등으로 다양하게 운영할 수 있도록 했다.

원격 수업의 유형별 운영 형태

구 분	운영 형태
실시간 쌍방향 수업	실시간 원격 교육 기반(플랫폼)을 토대로 교사·학생 간 화상 수업을 하며, 실시간 토론 및 소통 등 즉각적 피드백
콘텐츠 활용 중심 수업	강의형 | 학생은 지정된 녹화 강의나 학습콘텐츠로 학습하고, 교사는 학습 진행도 확인 및 피드백 강의+활동형 | 학습콘텐츠 시청 후 댓글, 답글 등으로 원격 토론
과제 수행 중심 수업	교사는 교과별 성취기준에 따라 학생이 자기주도적 학습 내용을 확인할 수 있도록 온라인으로 과제 제시 및 피드백
기타	교육청, 학교 여건에 따라 별도로 정할 수 있음

참고 : 2020년 3월 27일 자 교육부 보도 자료

각 학교에서는 위기의 불을 끌 방법을 모두 동원해서 원격 수업을 준비해 나갔다. 처음으로 온라인 개학을 하고 비대면 원격 수업을 준비해야 하는 학교 현장은 그야말로 혼란의 장이었다. 교사들의 이야기를 들어보면 온라인 수업을 위한 컴퓨터나 서버, 통신 등의 IT 인프라 부족, 교사들의 원격 수업에 대한 경험 부족 등의 어려움이 컸을뿐더러 구체적인 지침 없이 원격 수업을 하라고 하는 일방적인 교육부의 지시에 대한 불만도 많았다고 한다.

급격히 결정된 원격 수업은 심적인 거부감을 일으키기도 했다. '곧 다시 면대면 수업으로 돌아갈 텐데 군이 새로운 방식의 수업에 힘을 써야 하나?'라는 생각에 몸을 사리거나 '특별히 잘하면 안 된다.' 혹은 '다른 선생님들과 비슷한 수준 정도로만 하겠다.'라는 하향 평준화의 분위기가 팽배했다. 화상회의 애플리케이션인 ZOOM(줌)을 사용해 실시간 화상 수업을 하겠다고 나서는 교사가 있어도 학교에서 말렸다는 이야기도 들렸다.

충분히 준비할 시간이 없이 시행된 원격 수업 초반에는 e-학습터에 당일 봐야 할 EBS 수업 내용을 알려주거나 유튜브 링크를 올려주고 과제를 내주는 형식으로 수업을 진행하는 경우도 많았다. 코로나19로 인한 원격 수업이 장기화하자 우왕좌왕하던 현장의 혼란은 차츰 잦아들었지만 많은 부분이 학교장의 재량과 교사의 역량에 맡겨져 있다 보니 천차만별인 수업의 질에 따른 불만의 소리도 적지 않았다.

교사의 디지털 활용 역량 격차

온라인 개학과 원격 수업이라는 카드로 전대미문의 위기 상황을 넘기기는 했지만 학생뿐만 아니라 교사와 부모 모두에게 처음이었던 원격 수업을 시행하게 되자 여러 가지 해결해야 할 과제들이 튀어나왔다.

학교의 디지털 인프라 측면에서 격차가 존재했을 뿐만 아니라 교사들 사이에서도 디지털 활용 역량에 있어서 격차가 존재했다. 그도 당연할 것이 그동안 스마트 교육, 온라인 교육은 관심이 있는 학교를 중심으로, 열정을 가진 교사들 중심으로 이루어져 오고 있었다. 지금껏 이 부분에 관심을 가지고 준비를 해왔던 교사들은 자신이 만들어 놓았던 콘텐츠를 적극적으로 활용하며 수업 준비를 했지만, 대다수 교사는 급히 온라인 연수를 받고, 주변 교사들의 도움을 받아가면서 학기를 마무리할 수밖에 없었다.

급하게 도입된 온라인 수업은 그 내용 측면에서도 아쉬움을 남겼다. 과제를 제시하고 과제 수행 결과를 확인하는 방법으로 온라인 수업이 진행되는 경우가 많다보니 지식 전달식의 고전적 교육 방법으로 회귀하기도 했고, 온라인 수업이 가진 개별화, 피드백, 협업 등의 장점을 제대로 살리지 못한 경우도 부지기수였다.

가정 간 디지털 환경 격차

가정 간 디지털 환경의 격차도 상당히 크다는 것을 이번 사태를 통해 알게 되었다. 온라인 개학을 해야 하는데 집에 컴퓨터나 스마트폰, 태블릿처럼 활용할 기기가 없는 경우도 많았고, EBS나 유튜브를 볼 수 있는 방송 통신 환경이 갖춰지지 않은 가정도 많았다. 이런 디지털 환경의 인프라적인 격차를 해소하기 위해 정부에서 취약계층 학생들을 중심으로 노트북이나 태블릿을 대여해주는 등의 지원을 했지만 기기 지원만으로 해결할 수 없는 부분이 존재했다.

인프라적인 측면에서뿐만 아니라 인적 자원의 측면에서도 디지털 격차가 존재했다. 온라인 수업을 도와줄 수 있는 가족이 아예 없는 경우도 있었고, 장애를 가진 아이들의 경우에는 실제로 집에서 온라인 수업을 받는 것 자체가 거의 불가능했다. 부모가 자녀의 교육을 도울 수 있는 상황이더라도 애플리케이션(앱)을 깔고 온라인 학습 세팅을 돕는 데도 부모의 디지털 활용 능력의 격차가 존재했다.

또한 원격 수업은 아이들과 학부모들에게 학습 관리라는 큰 부담을 안겨주었다. 온라인 학습을 하는 방법에 대한 교육을 제대로 받아본 적이 없는 아이들의 입장에서는 혼자서 온라인으로 수업을 듣는다는 것이 어려웠고, 부모들은 이런 아이들을 어떻게 도와주어야 할지 몰라 우왕좌왕했다. 맞벌이하는 부부의 경우 집에서 어린 자녀의 온라인 학습을 도와줄 수 없어 발을 동동 구르고, 자녀가 무분별하게 인터넷 및 온라인 게임에 노출되는 상황에 걱정이 커질 수밖에 없었다.

커지는 아이들 간의 학력 격차

평소 상호작용과 협업이 많은 수업을 했던 교사들이나 반 친구들과의 친밀한 교류를 좋아했던 아이들의 경우 온라인 공간에서 발생하는 여러 제약이 답답할 수밖에 없었다. 게다가 아이들은 친구들과 놀고 싸우고 갈등을 경험하면서 문제 해결력을 배우는데, 과연 온라인 수업으로 어떻게 이런 능력을 기르게 할 수 있을지에 대한 고민 역시 깊어졌다. 무엇보다 가장 심각한 문제는 온라인 교육으로 학력의 격차가 더 커졌다는 것이었다.

"교사 생활 15년 만에 이런 성적 분포는 처음 봐요. 원래는 중간층이 제일 많아야 해요. 심지어 이번 시험은 선생님들이 신종 코로나바이러스 감염증(코로나19)을 고려해 어렵게 내지도 않았거든요. 그런데도 이 정도면 학력 타격이 정말 심각한 거죠." 2020년 7월 21일 자 동아일보의 '중위권 학생 확 줄고 하위권 급증'이라는 기사에 실린 서울지역 고등학교 교사의 인터뷰이다. 또한 저학년일수록 학력 손실이 큰 것도 우려되는 지점이다.

이처럼 코로나19로 인한 학력 격차가 급속도로 커지고 있는 것은 온라인 수업을 할 수 있는 학습 인프라나 가정환경의 격차에 따라 학습 결손이 생기고, 스스로 온라인 학습을 할 수 있는 디지털 기기 활용 능력이나 의욕이 부족한 아이들의 경우 온라인 수업을 집에서 듣는 것이 학교 수업에 참여하는 것보다 힘들기 때문이다. 또한 등교 수업 일수 부족으로 온라인 수업을 통해 진도를 빼야 하는 상황에서 빠르게 온라인 학습이 진행되다 보니 기초가 부족하여 보충 학습이 필요한 아이들이나 빠른 속도를 따라가지 못하는 아이들의 경우 학습이 더 어려워지는 문제도 생겼다.

고등 교육 기관의 위기

코로나가 강타한 2020년, 어쩌면 가장 딜레마에 빠졌던 곳은 대학일지 모른다. 대학은 정부의 방침에 따라 개학을 계속 연기하다가 결국 전면 온라인 수업을 하는 것으로 결정을 내렸다. 그동안 일반 대학에서의 온라인 수업 비율에 대한 교육부 규제는 이번 비상사태로 풀렸지만 정작 문제는 대학교수들이 전면적인 온라인 수업을 할 준비가 되어있지 않았다는 것이었다. 온라인 수업의 질이 보장되지 못하다 보니 제대로 된 교육을 받지도, 학교에서 제공해주던 다양한 서비스를 이용하지도 못하게 된 학생들은 등록금 반환을 요구하기에 이르렀다.

그동안 대학 교육의 혁신에 대해 끊임없이 이야기해왔지만 논의나 고민의 수준에 머물렀는데, 이번 코로나19 사태를 겪으면서 대학이 자체적으로 새로운 대학 교육의 모델을 만들어내지 않는 한 '학생들의 등록금 반환 요구, 경쟁력 약화, 학생 유치의 어려움'이라는 악순환의 직격탄을 계속 받게 될 것이 극명해졌다. 고등 교육 기관으로서 대학이 어떤 새로운 가치를 제공할 것인가에 대해 대학 스스로가 적극적으로 고민하고 해결책을 꺼내놓지 않으면 안 되는 시점이 된 것이다.

코로나19로 인한 학부모의
스트레스와 고민

학교 현장에 있는 교육자들 못지않게 큰 어려움을 겪은 대상이 바로 학부모들이다. 그런데 아쉽게도 학부모들이 겪는 어려움에 대해 구체적으로 듣고 도와주고자 하는 적극적인 시도들이 많지 않았다.

코로나19를 경험하면서 학부모들은 어떤 감정을 느끼고 있을까? 2020년 6월, 코로나19를 경험하는 학부모들의 이야기를 좀 더 자세히 들어보고자 TLP 교육 디자인에서 설문 조사를 한 결과, 설문 응답자의 67.4%가 코로나19로 인한 변화로 스트레스를 받고 있다고 응답했다. 본인이 느끼는 감정을 가장 잘 표현하는 단어로 '불안하다'를 가장 많이 선택하였고(39.9%), 이외 '짜증 난다/우울하다/두렵다/무기력하다' 등의 감정도 경험하고 있음을 알 수 있었다.

스트레스를 준 요인을 살펴보았을 때 가족의 건강에 대한 염려가 가장 높았고(55.3%), 그다음으로 자녀의 학습 공백에 대한 걱정이 높았다(38.6%). 특히 자녀의 학습 공백에 대한 걱정과 관련해서는 다음과 같은 고민을 토로하였다.

'아이가 온라인 수업으로 뒤처질까 불안합니다.'
'교실에서 이루어지는 수업은 그나마 통제가 가능할 수 있겠지만 온라인은 학생 주도이다 보니 이 시기가 지나고 나면 엄청난 격차가 생길 것 같아 불안합니다.'
'수업 공백이 고3의 대학 입시에 사기 저하 및 경쟁력 저하를 줄까 걱정됩니다.'

초등학생 학부모의 경우 온라인 수업에 대한 우려 및 온라인 수업을 도와주는 것에 대한 스트레스도 이야기하였다.

'온라인 수업이 제대로 되지 않는 점이 걱정스럽습니다.'
'학습적 부분과 온라인 출결 체크를 매일 모니터링하기 힘듭니다.'

응답자 중 총 66%가 자녀의 학습이 걱정된다고 답하였는데, 구체적으로는 생활이 불규칙해진 것에 대한 우려가 가장 높았고 (52.7%), 그다음으로 스마트폰과 컴퓨터를 하는 시간이 많아지는 것 (49.6%), 집에서 학습이 제대로 이루어지지 않는 것(43.4%)에 대한 우려가 높았다.

'유튜브 영상을 보는 시간이 길어서 걱정입니다.'
'스마트기기 중독으로 수업에 제대로 집중할 수 있을지 걱정됩니다.'
'컴퓨터로 공부하면서 수업을 안 끝내고 계속 딴짓을 합니다.'

온라인 수업으로 인해 그동안 제한해왔던 스마트기기 사용이 갑자기 허용되면서 어쩔 수 없는 부작용이 생기고 있는 것이다.

원격 수업으로 인해 자녀들과 집에서 보내는 시간이 많아지자 자녀와 함께 활동하고 이야기를 더 많이 나누면서 자녀와의 관계가 좋아졌다고 대답한 학부모가 절반 이상이었지만, 나머지는 자녀와 함께 있는 시간이 많아지다 보니 부딪히는 일이 많아지고 학습을 관리하는 부분에서 갈등이 많이 생겼다고 하였다.

코로나19로 자녀와 시간을 많이 보내면서 관계가 나빠졌다고 응답한 경우에는 본인이 자녀에게 잔소리를 많이 하면서 관계가 나빠졌다는 응답이 가장 높았고(63.3%), 자녀에게 화를 많이 내게 되었다는 응답이 그다음으로 높았다(22.4%).

'사춘기가 시작되면서 최소한의 학습량에도 거부반응을 보이고 반항해요. 종일 붙어있으니 자주 충돌하게 됩니다.'

'아이의 학습을 제가 감독해야 하는 상황에서 우울함과 무기력함이 커졌습니다.'

'제 계획대로 따라와 주지 않는 아이에 대해 대한 분노가 커져서 하루하루가 전쟁입니다.'

코로나19로 인해 그동안 학교와 학원에 미루어왔던 일상의 학습 관리를 떠맡게 되면서 학부모로서 적지 않은 스트레스를 느끼고 있는 것이다.

학부모는 어떤 도움이 필요할까?

그렇다면 코로나19로 인해 변화한 교육 환경에서 학부모들은 어떠한 도움을 받기를 원하고 있을까? 이에 대한 질문에 학부모들은 자녀의 학습 관리에 대한 방법(36.2%)과 학부모로서 자녀를 도와주는 방법(21.7%)에 대해 알고 싶다고 했다. 이외에 자신뿐만 아니라 자녀의 불안과 스트레스를 관리하는 방법을 알고 싶다고 응답했다. 구체적인 이야기를 들어보면 다음과 같다.

'평소 학습 관리를 학교에 맡겨 두었다가 이번에 집에 함께 있으면서 아이 상태를 직면하게 되었습니다. 아이가 학습을 스스로 관리하게 하는 방법을 알고 싶습니다.'

'아이가 직접 학습 스케줄을 짜서 실행을 촉진할 방법을 알고 싶습니다.'

'자녀와 오랜 시간을 같이하면서도 서로 스트레스를 받지 않는 방법을 알고 싶습니다.'

그동안 학교에서 해오던 체계적인 학습 관리가 제 역할을 못 하게 되면서 아이들이 학습 습관을 갖거나 유지하기 어려워졌고, 스스로 공부하지 않는 아이들을 옆에서 지켜보면서 많은 부모가 자녀의 학습 관리 능력에 대해 고민하게 된 것은 어찌 보면 당연한 일이다.

'이 사태가 길어질 경우, 일방적으로 듣기만 하는 온라인 학습법이 적성에 맞지 않는 학생들은 어떻게 공부를 해야 할까요?'

'앞으로 이런 상황이 자주 발생한다면 어떻게 대처해야 할까요? 아이가 이 상황에서 대처하는 바람직한 태도는 무엇일까요?'

'언택트 시대에 아이들의 교육에 관해 무엇을 대비해야 할까요? 우리가 당장 갖춰야 할 것은 무엇일까요?'

코로나19를 경험하는 부모들은 이런 것들을 궁금해하고 있었다.

설문 결과를 보면서 많은 부모가 지금 자신이 느끼는 '안개 속을 걷는 듯한 답답함'이 혼자만 느끼는 답답함이 아니라는 것을 알게 되었을 것이다. 우리 모두 '아무도 가보지 못한 곳'을 지나고 있다. 그러나 '위기가 기회다.'라는 말처럼 우리가 경험하는 위기 속에 기회가 숨어 있을지도 모른다. 코로나19로 인한 갑작스러운 변화와 온라인 교육의 확대로 인해 어려움과 불편함이 크지만, 그것이 교육에 새로운 혁신을 불러일으키는 촉매가 될 거라는 기대를 저버리지 말아야 한다.

위기가 기회가 되다

2010년에 출판되었던 《2020 미래교육보고서》(박영숙, 경향미디어)를 다시 읽어보았다. 10년 전에 이 책을 읽으면서 '과연 2020년이 되었을 때 이 책에서 이야기했던 교육과 관련된 예측들이 얼마나 맞을까?' 하는 생각을 했었는데, 역시나 흥미로웠다.

《2020 미래교육보고서》에서는 2020년이면 언제 어디서나 원격으로 교육을 받을 것이고, 온라인 공간이 학교 교육의 대표 주자가 되리라 예측했다. 교육의 변화를 촉구하는 주요 변수가 교육의 외부에서 나타날 것이며, 교육 기관에서 교육 변화에 저항하고 있을 때 외부의 변화가 생기면서 어쩔 수 없이 교육 기관에서는 뒤뚱대면서 따라가게 되리라 예측했다. 외부의 변화는 교육 기관의 역할 변화를 요구하며, 지식을 던져주거나 전달하는 역할은 다른 곳에 맡기고 교육 기관에는 공동체의 삶, 네트워크, 리더십, 팀워크를 가르치는 역할을 해달라고 할 것으로 예측했다. 그리고 교육은 가르침 중심에서 배움 중심으로 크게 전환되고, 교사들은 안내자나 코치와 같은 역할을 더 많이 하게 되리라 예측했다.

그 외부의 변화를 일으킨 것이 바로 코로나19라는 예상치 못했던 변수였다. 코로나19라는 강력한 외부 변수가 불가피하게 미래 예측이 현실화하도록 하는 촉매제가 된 것이다.

그동안 대학 및 정부출연 연구기관에서 일하면서 느낀 점은 교육은 가장 보수적이면서도 가장 급진적일 수 있다는 것이다. 어쩌면 이 두 가지 상반된 성향을 잘 균형 맞춰가야 하는 피할 수 없는 운명을 가진 분야가 교육일지도 모른다. 뛰어난 혁신은 위기 상황에서 나온다는 말처럼 코로나19로 인한 위기 상황은 역설적이게도 '전체적인 공감대 형성', '필요성에 대한 확실한 설득' 등이 부족하다는 이유로 그동안 빗장을 풀기가 어려웠던 여러 가지를 가능하도록 해주었다.

온라인 교육의 가능성을 엿보다

다시 십 년 후에 한국의 교육사를 되돌이켜보게 된다면 2020년의 키워드는 '온라인 교육의 확대'가 되지 않을까 생각한다. 코로나19로 인해 어쩔 수 없이 비상 카드로 꺼내 쓴 것이 온라인 수업이었는데, 온라인 수업의 확대는 사실 시대의 흐름상 피해 갈 수 없는 거대한 파도였다. 우리가 우물쭈물하고 있는 사이에 코로나19가 그 거대한 파도에 올라탈 수밖에 없는 상황을 만들고 말았다. '온라인 교육의 시행을 준비하고 시작한다'는 형태가 아닌 '일단 시작하고 하면서 정비한다'는 형태가 되어버렸지만 중요한 것은 우리가 이 어려운 일을 시작했다는 것이다.

코로나19를 현장에서 경험한 교사들의 생생한 목소리를 담은 《코로나19, 한국 교육의 잠을 깨우다》(강대중 외, 지식공작소)에서 교사와 교육 전문가들은 코로나19가 학교 현장에 미친 영향을 '혁신 정책 20년보다 더 나간 코로나 석 달'이라고 표현하였다.

이 책의 공동 저자인 이예슬 교사는 초등학교에서 온라인 수업을 진행하면서 깨달은 점을 '열린 교실, 민주적 교실, 맞춤형 수업' 이렇게 세 가지로 정리하였다. 그동안 교실 수업은 옆 반 동료 교사에게도, 부모들에게도 닫혀 있었는데 온라인 수업을 통해 어쩔 수 없이 교사의 수업 방식이 완전히 개방되었다는 것이다. 또한 온라인 수업은 학생들 간의 권력이 작용하지 않아 오히려 민주적 수업 분위기가 만들어졌다고 했다. 그간의 학교 수업은 발언의 주도권을 가진 아이들이 주로 수업에 참여했는데, 온라인 수업으로 전환되면서 채팅, 토론 등을 활용하니 발언에 동등한 기회가 주어지게 된 것이다. "수업 시간에 시끄럽게 하는 아이들, 괴롭히는 아이들이 없어서 온라인 수업이 더 편해요." 교실의 혼잡함이 불편했던 일부 아이들에게는 이처럼 온라인 학습 공간이 더 편안한 공간이 되기도 했다.

코로나 이전에는 학교 폭력, 민원 등의 문제에 시간과 에너지를 많이 쏟아야 했는데, 그런 문제가 없다 보니 교사가 오히려 수업 준비에 더 집중할 수 있었다는 이야기도 전해 들었다. 온라인으로 결과물을 받고 피드백을 보내는 상황이 되다 보니 개개인의 학습 상태를 자세히 파악하고 학생의 수준에 맞게 반복 과제나 보충 과제를 제시하는 식의 개별 맞춤화 수업이 가능해졌다고 말하는 교사도 있었다.

코로나19라는 위기에 대응하는 과정에서 갑작스레 원격 수업이 확대되느라 준비되지 못한 부분들이 많았고 그에 따른 현장의 어려움도 많았다. 제대로 된 온라인 교육을 정착시키기 위해 해결해야 할 문제들이 아직 많이 산재해 있지만 코로나19는 온라인 교육의 가능성을 엿보게 해주었다.

디지털 교육 환경이 급속히 구축되다

예전에 한 학교에 부모 교육 강연을 하러 갔다가 난처했던 적이 있었다. 강의 파일을 네이버 클라우드에 저장해 두고 갔는데 학교 컴퓨터에서는 네이버에 접속이 안 된다는 것이었다. 어렵게 해결 방법을 찾아서 강연을 하긴 했지만, 학교에서 네이버나 구글과 같은 포털 계정에 접속할 수 없다는 게 의아했다. 구글에서 제공하는 에듀테크 도구를 활용해 수업을 하고 싶어 하는 교사가 있었는데, 학교에 와이파이Wi-Fi가 깔려 있지 않아서 어렵다고 했던 이야기도 들었다. 그동안 대다수 학교에서는 보안 및 행정상의 문제로 클라우드 접속, 외부 계정 접속, 와이파이 활용 등이 제한되어 있었던 것이다.

그런데 코로나19로 어쩔 수 없이 온라인 개학과 원격 수업을 하게 되면서 오랫동안 보안상의 문제, 행정상의 어려움 등을 이유로 '절대' 안 되었던 것이 자연스럽게 가능하게 되었다. 온라인 수업에 필요한 웹캠이나 헤드셋, 촬영에 필요한 도구들이 지원되고, 학교에 와이파이 접속 환경이 구축되었다.

특히 국가 차원에서 디지털 교육 환경 인프라 구축에 대한 적극적인 지원 방안이 마련되고 있다. 2020년 7월 14일 청와대는 한국판 뉴딜 국민보고대회를 통해 '한국판 뉴딜 종합계획'을 발표하였다. 디지털 뉴딜은 그린 뉴딜과 함께 한국판 뉴딜의 한 축을 담당하고 있는데, 코로나 이후 디지털 대전환을 선도한다는 목표를 가지고 있다. 과학기술정보통신부의 디지털 뉴딜 보도 자료에 따르면 디지털 뉴딜은 4개 분야 12개 추진과제로 구성되어 있는데, 4개 분야 중 하나가 '교육 인프라 디지털 전환'이다. 이를 위해 초·중·고 디지털 기반 교육 인프라 조성과 전국 대학, 직업훈련기관 온라인 교육 강화를 세부 추진과제로 삼고 있다. 주요 골자는 온·오프라인 융합학습 환경 조성을 위해 디지털 교육 환경을 구축하고, 양질의 온라인 교육 콘텐츠를 확보하겠다는 것이다. 특히 한국형 온라인 공개강좌 K-MOOC에 인공지능·로봇 등 4차 산업혁명 수요에 적합한 유망 강좌의 개발을 확대하고, 해외 MOOC와 협력하여 글로벌 유명 콘텐츠도 도입할 예정이라고 하였다.

블렌디드 러닝에 대해 진지하게 고민하다

교육부는 코로나19의 여파로 단행한 초·중·고 원격 수업을 미래 교육 발판으로 삼기 위해 '한국형 원격교육' 중장기 발전 방향을 수립하기로 하고, 2020년 4월 '한국형 원격교육 정책자문단'을 꾸렸다. 교육부에서 공개한 회의 자료에 따르면 자문단을 통해 에듀테크를 활용한 원격교육 체제 구축과 상시 온·오프라인 융합교육 운영 과제를 논의하고 있다고 한다. 그리고 2022년에 고시할 개정 교육 과정에는 대면 수업에 원격 수업을 병행하는 블렌디드 러닝Blended Learning을 담을 예정이라고 한다.

교육 분야에서 '블렌디드 러닝'이라는 개념이 소개되고 방법 및 효과에 대한 논의가 시작되는 것은 이미 몇십 년 전의 일이다. 그러나 코로나19를 경험하기 전까지는 많은 교육자가 '굳이 그걸 왜 해야 할까?'라는 생각을 하고 있었다.

불과 몇 년 전, 내가 대학에 재직하던 때도 마찬가지였다. 당시 대학에서는 '블렌디드 러닝', 혹은 '플립 러닝' 방식으로 수업을 하겠다는 교수들에게 수업 개발 지원금이라는 일종의 당근까지 주면서 새로운 교수 방법을 활용할 수 있도록 촉구했다. 교육개발센터 책임 교수로 근무하던 나는 다른 교수들에게 블렌디드 러닝을 촉구하기 위해 《블렌디드 러닝 가이드북》을 펴내고, 개인 컨설팅도 했지만 '블렌디드 러닝'이라는 새로운 방식을 채택해보고자 하는 교수들은 극소수에 불과했다. 그런데 코로나19로 인해 어쩔 수 없이 온·오프라인 수업을 병행하게 되면서 이제 교사나 교수들은 블렌디드 러닝에 관심을 가질 수밖에 없게 되었다.

그동안은 교육자들이 '오프라인 교육'이라는 도구만 오른손에 쥐고 있었다면 이제는 왼손에 '온라인 교육'이라는 도구를 하나 더 쥐고, 교육의 효과를 위해 온라인과 오프라인을 어떻게 잘 블렌딩할지 고민할 수 있게 되었다. 다행히 교육자들 사이에서도 이 두 가지 도구를 적절하게 활용하는 것이 어쩔 수 없는 환경에 적응하는 솔루션이자, 우리가 그동안 계속해서 고민해왔던 교육의 문제를 해결하는 방법이 될 수 있다는 것에 대해 공감대가 형성되고 있다.

아직은 블렌디드 러닝의 설계 방법이나 실천 방법에 대한 가이드라인이나 좋은 사례들이 많이 만들어지지 않아 이것이 제대로 정착하기까지 시행착오를 반복하는 과도기를 거칠 것이다. 그러나 교육자들이 다양한 교육 방식에 대해 마음을 열고 그 실천 방식에 대해 함께 논의하고자 하는 분위기가 만들어졌다는 것은 분명 긍정적인 변화를 기대할 수 있는 부분이다.

NEW NOR MAL

Chapter 2

교육의 뉴노멀을
준비하라

이전으로 돌아가기는
어렵다

처음 온라인 개학, 원격 수업을 시작할 때는 시간이 조금 지나면 이전으로 돌아갈 수 있을 것이라는 기대가 있었다. 그러나 코로나19 사태가 장기화하면서 그 기대는 무너졌다. 사회의 많은 부분과 마찬가지로 교육도 코로나19 이전의 상황으로 완전히 돌아가기는 어려워졌다. 아이들이 예전처럼 학교로 돌아가더라도 앞으로의 학교 수업은 코로나 이전과는 다른 방식으로 운영될 것이다.

이제 교육에서도 적극적으로 '뉴노멀New Normal'을 준비해야 한다. '뉴노멀'이란 '시대의 변화에 따라 새롭게 나타나는 경제적 기준'

이란 뜻으로 원래는 경제 분야에서 주로 활용되던 말이다. 그러나 코로나19라는 팬데믹(세계적으로 전염병이 대유행하는 상태)을 경험하고 있는 지금, '뉴노멀'은 '이전에는 비정상적인 것으로 보였던 현상이 점차 표준이 되어간다'는 뜻으로 다양한 분야에서 활용되고 있다.

비정상인 것이 표준으로 탈바꿈하는 것은 매우 드물고 어려운 일이다. 그러나 세상을 흔들고 있는 코로나19라는 팬데믹은 불과 몇 달 사이에도 그 탈바꿈을 가능하게 했다. 코로나19로 인한 새로운 교육 방식을 접하면서 학교 현장에서, 그리고 가정에서 우리는 혼란의 시기를 겪었다. 그러나 막상 위기 상황이 닥치니 학교 현장은 발 빠르게 대처했고, 부모들 역시 집 안에서 할 수 있는 일들을 묵묵히 해나가면서 대처했다. 전 세계의 호평을 받는 K-방역처럼 교육에서의 위기 대처도 대체로 성공적이었다는 평가를 받고 있다. 코로나19가 한국 교육에 일으킨 파장은 생각보다 크지만, 그것을 겪는 과정에서 얻은 노하우와 경험도 값지다.

그동안 학생들에게 미래 사회를 살아가기 위해 '회복탄력성'이 필요하다고 강조해왔는데 이제는 학교도, 그리고 교육도 회복탄력성이 필요한 위치에 놓였다. 지금은 교육의 방법에 대해 좀 더 유연한 마인드를 가지고 다양성을 실험해볼 시기이다. 코로나19는 그것을 시도할 수 있는 용기와 가능성을 가져다주었다. 이제 우리는 그 변화의 기회를 잘 살려나가야 한다.

함께 비커밍becoming 하자

"우리 아이들은 비커밍becoming의 시대에 살게 될 것입니다."

코로나19가 강타하기 전, 부모 교육 강연에서 내가 자주 했던 말이다. 그런데 코로나19를 경험하면서는 주어가 '우리 아이들'에서 '우리'로 바뀌었다.

"우리는 비커밍becoming의 시대에 살고 있습니다."

이전에 우리가 'be'의 형식으로 이야기했던 것들, 예를 들어 '학교는 이렇다', '수업은 이렇다', '소통은 이렇다', '행복은 이렇다'라는 정의가 코로나19 팬데믹을 겪으면서 계속 수정되고 재정의되고 있다. 모든 것이 무서울 정도로 빠른 속도로 변하는 시대를 현명하게 살아가기 위해서는 우리 자신도 계속 '되어가기', 즉 '비커밍'을 선택해야 한다.

기술 사상가인 케빈 켈리Kevin Kelly는《인에비터블 미래의 정체》(청림)라는 책에서 우리의 삶은 고정된 '명사의 세계'에서 유동적인 '동사의 세계'로 나아가고 있다고 말한다. 그리고 유동적인 세계에서 우리는 모든 분야에서 끊임없이 '새내기'가 될 것이라고 강조한다. 무언가를 다 알고 있다고 생각한 순간, 모든 것을 따라잡았다고 생각한 순간, 새로운 것이 등장하고 예상치 못한 변수가 생긴다. 나이나 경험에 상관없이 다시 아는 것을 세팅해야 하는 상황을 마주하게 된다. 그러므로 케빈 켈리는 자신의 정체성이 담긴 작은 그릇을 넓히고 경계를 확장해야 한다고 주장한다. 새로운 변화 자체를 받아들이려면 그것을 받아들이는 마음을 더 크게 확장해야 한다는 의미이다.

자신의 경계를 확장하는 데 있어서 중요한 역할을 하는 것이 '연대'이다. 함께라면 경계의 확장이 더 용이해진다. 이번 코로나19 위기를 겪으면서 우리는 '연대'의 중요성을 절실하게 깨달았다. K-방역이 성공적으로 이루어지고 있는 것도, 온라인 개학과 원격 수업으로 학습을 이어갈 수 있게 대처한 것도 모두 '연대'가 있었기에 가능했다. 위기 상황은 불가피하게 사람들로 하여금 똘똘 뭉쳐 '연대' 활동에 적극적으로 참여하게 만든다. 하지만 문제는 그 이후이다.

포스트코로나 시대 교육의 뉴노멀을 만들어나가는 과정에서 우리는 코로나19 시대에 발휘했던, 혹은 발휘하고 있는 연대의 힘을 이어나가야 한다. 새로운 교육의 뉴노멀은 이전과는 다른 학교와 교사의 역할을 요구할 것이며, 달라지는 학생과 학부모의 역할을 요구할 것이다. 교육의 다양한 주체들이 새로운 교육을 위해 함께 연대하며 '비커밍'해 나갈 때 우리는 위기를 통해 교육의 대전환을 만들어낼 수 있다.

교육에 대해 다시 묻다

위기를 뜻하는 crisis란 영어 단어는 그리스어의 명사 krisis와 동사 krino에서 파생했다고 한다. 이 단어는 '분리하다', '구분하다'라는 의미를 가지고 있다. 즉 그 이전과 그 이후가 확연히 달라지는 전환점이 되는 것이 위기인 것이다.

세계적인 석학 재레드 다이아몬드Jared Diamond 교수는《대변동 : 위기, 선택, 변화》(김영사)에서 위기를 극복하고 그것을 기회로 만드는데 필요한 요인으로 '선택적 변화Selective Change'가 필요하다고 말한다.

코로나 이후 시대의 교육을 준비하면서 '선택적 변화'라는 개념을 반드시 염두에 두어야 한다. '무엇을 보존해야 할지', '새로운 환경에 적응하기 위해 무엇을 우선적으로 바꾸어야 할지'를 찾아내야 하는 것이다. 이러한 기준이 없다면 계속 변화의 파도에 몸을 맡기고 휩쓸려가게 될 것이다. 그러니 재레드 다이아몬드 교수가 강조하는 정체성, 혹은 가치를 정확하게 파악해야 한다.

학교의 가치에 대해 다시 묻다

온라인 개학과 원격 수업을 경험하면서 교육의 다양한 주체들이 학교나 수업의 가치에 대해 재발견을 하는 시간을 가졌다. 그동안 우리는 '학교에 간다', '학교에 보낸다'는 표현처럼 학교를 '물리적 공간'으로 생각해 왔다. 그리고 수업을 하기 위해서는 반드시 '물리적 공간'이 있어야 한다고 생각했다. 그런데 학교에 가지 않고 집에서 원격 학습이 이루어지는 것을 경험하면서 '학교 = 물리적 공간'이라는 기존의 생각이 흔들리기 시작했다. 교사들이 올려준 온라인 콘텐츠로 집에서 혼자 학습하면서 아이들도 부모도 '학교에 안 가도 수업에 참여할 수 있다'는 것을 경험하게 된 것이다.

그런데도 아이들이 학교에 가고 싶어하는 이유는 학교가 물리적 공간일 뿐만 아니라 사회적 공간이기 때문이다. 아이들의 경우 학교에 가고 싶어도 가지 못하는 상황을 경험하면서 그동안 당연하게 생각했던 '학교'라는 곳을 그리워하는 마음을 가지게 되었다. 비록 학교에 가면 규칙을 따라야 하고, 억지로 하기 싫은 일들을 해야 하지만 교사와의 친밀함, 다른 친구들과의 연결감, 혹은 ○○학교 ○반 학생이라는 소속감 등 이런 사회적인 존재감을 느끼게 해주는 학교를 아이들은 그리워했다. 저학년의 경우 선생님과 친구들을 만날 수 있는 '만남'의 공간으로서, 고학년의 경우 자신들의 학습 루틴을 챙겨주고 공부 시스템을 만들어주는 '관리'의 공간으로서 학교의 가치를 재발견하게 되었다.

부모들은 어땠을까? 그동안 학교에 아이를 '공부시키러' 보낸다고 생각했는데 이번 코로나19 사태를 경험하면서 학교가 가진 다른 기능이나 가치에 대해 생각해보게 되었다. 학교는 공부를 위해 보내는 공간이기도 했지만 부모의 입장에서 자녀를 가장 믿고 맡길 수 있는 돌봄의 공간이었다. 그리고 학교는 집에서 가르쳐 줄 수 없는 삶의 기술을 배울 수 있는 공간이었다. 이번에 온라인 개학과 원격수업을 경험하면서 아이를 학교에 보내지 못해 가장 아쉬워했던 부모는 초등학교 1학년 신입생의 부모였을지도 모른다. 학교에서 공동체 생활에 필요한 예의와 규칙을 배울 수 있을 것으로 기대하고 있었는데 그 소중한 기회를 잃어버렸다.

교사들 역시 난생처음 개학을 해도 아이들이 오지 않는 학교, 아이들 없이 혼자 진행하는 수업을 경험하면서 학교의 역할이 무엇이고 수업의 본질이 무엇인지에 대해 많은 고민을 하게 되었다. 교실에서 아이들과의 상호작용은 줄어들었지만, 교사들 간의 상호작용은 더욱더 많아졌다. 위기 상황에 대응하기 위해 함께 수업에 대해 고민하고, 콘텐츠를 공동 개발하고, 노하우를 나누고, 수업에 관한 연구를 함께 진행하는 공간으로서 학교의 새로운 가치를 발견했다.

앞으로 온라인 교육이라는 새로운 환경을 만들어가는 데 있어서 꼭 지키고자 하는 교육적 가치는 무엇이고, 새롭게 만들고자 하는 가치는 무엇일까? 여기에서 우리의 고민이 시작해야 한다. 우리는 이번 경험을 통해 사회적 공간, 돌봄과 전인 교육의 공간, 수업 연구의 공간으로서 학교가 가진 가치를 재발견하게 되었다. 그리고 이 가치들이 앞으로 우리가 더 집중해야 할 학교의 가치일지 모른다.

언택트 시대에 필요한 콘택트 강화 교육

코로나19 시대에 새롭게 생겨난 신조어 중에서 빠른 속도로 대중화된 단어가 '언택트untact'일 것이다. '접촉contact을 없앤다un'는 의미를 담고 있는 이 단어는 교육 분야에서도 화두가 되고 있다. 교육은 '접촉, 연결, 상호작용'과 같은 콘택트가 있어야 하는데 갑자기 언택트 시대에 맞는 교육을 하라고 하니 교육자들은 당황스러울 수밖에 없다.

교사들의 이야기를 들어보면 원격 수업을 하면서 더욱더 '콘택트'의 중요성에 대해서 많이 생각해보게 되었다고 한다. 등교 수업을 하면서 친밀감이 형성된 상태에서 원격 수업을 진행했다면 좋았겠지만 그렇지 못한 상태에서 온라인 수업을 하다 보니 함께하는 분위기를 만들기가 어려웠고, 물리적으로 함께 있지 않은 상태에서 수업을 해야 하니 어떻게 서로 연결된 느낌을 만들어줄 수 있을까를 교실 수업을 할 때보다 더 많이 고민하게 된 것이다.

학교 교육이 원격 수업으로 전환되는 것을 보면서 많은 부모 역시 '아이들이 과연 온라인 공간에서 공동체 의식이나 사회성, 협업력, 소통 능력을 제대로 배울 수 있을까?' 하는 걱정을 하게 되었다. 사람과 상호작용하면서 배울 수 있는 많은 소프트 기술들을 학교에서 배울 수 없다면 어떻게 알려줘야 할지 고민을 거듭할 수밖에 없었다.

《2020 미래교육보고서》에서 초 디지털 시대의 비 디지털 공간은 교과과정의 핵심 중 하나가 될 것이라고 이야기했듯이 언택트 시대의 교육에서도 콘택트는 여전히 중요한 학습의 요소이다. 어쩌면 점점 더 중요해지는 요소일지도 모른다.

그러니 원격 수업의 중장기 계획을 수립하면서 우리는 '디지털 공간을 어떻게 만들어갈 것인가?'와 함께 '디지털/비 디지털 공간에서 어떻게 콘택트를 강화할 것인가?', 그리고 '아이들이 중요한 삶의 기술들을 배울 수 있도록 어떻게 교육을 새롭게 디자인할 것인가?' 도 함께 고민해야 한다.

교육부 역시 쌍방향 원격 수업을 확대할 수 있도록 노력하고 있는데, 교육부에서 정의하는 쌍방향 원격 수업은 다음과 같다.

실시간 쌍방향 원격 수업
실시간 온라인 대면 또는 비대면(관계소통망 대화방 등)으로 교사-학생 간 교수·학습활동 및 피드백이 이루어지는 수업

쌍방향 원격 수업의 가치는 여러 가지가 있지만 가장 중요한 가치는 직접적인 소통이다. 얼굴을 맞대고 이야기하는 활동을 통해서 교사와 학생, 그리고 학생 간 정서적 유대감인 라포rapport가 강화될 수 있기 때문이다.

코로나19로 갑작스레 온라인 개학을 하게 되었을 때 어떤 교사들은 개별적으로 아이들과 연결하려는 노력을 했다. 아이들이나 학부모들에게 직접 전화를 걸기도 하고, 반 친구들을 화상으로 연결해서 서로 인사를 나누기도 했다. 개학은 했지만 선생님 얼굴조차 보지 못한 아이들에게 이러한 교사들의 노력은 큰 위로와 동기부여가 되었다. 온라인 수업이 장기화되자 이러한 소통을 기반으로 한 여러 수업이 점차 다양하게 시도되고 있다.

《소환된 미래 교육》(교육정책디자인연구소, 테크빌교육)의 저자들은 온·오프라인 혼합 수업의 성공 여부는 수업 콘텐츠 자체보다 학생들의 온라인 학습 결과에 교사가 어떻게 오프라인에서 피드백해주는지에 달려있고, 결국 교사는 티칭teaching보다 개별 튜터링tutoring을 잘할 수 있어야 한다고 강조한다.

- 원격 수업에서 어떻게 콘택트contact를 강화할 수 있을까?
- 아이들이 살면서 꼭 필요한 관계, 소통, 나눔과 같은 중요한 기술을 원격 수업을 통해서 어떻게 배우도록 해줄까?
- 교실 수업과 원격 수업을 병행할 때, 어떻게 교실 수업을 콘택트 공간으로 활용할 수 있을까?

이런 고민을 통해 콘택트 강화를 위한 교육 방향에 대한 답을 찾아 나가야 한다.

결국 교육은 사람을 향한다

코로나19로 인한 교육의 급격한 변화를 지켜보면서 나는 변화 속에도 변하지 않는 것을 발견했다. 그것은 바로 '사람을 향하는 마음'이었다. 갑자기 온라인 개학을 하고 원격 수업을 하게 되었을 때, 적극적으로 그 변화에 뛰어들면서 새로운 방법을 채택하려고 고군분투

했던 교사들은 '아이들에 대한 사랑'을 가진 교사들이었다.

오프라인 수업에서도 아이들에 대한 관심이나 사랑으로 수업을 고민했던 교사들에게는 수업 방식이 온라인으로 바뀌었다고 하더라도 그것이 큰 걸림돌이 되지 않았다. 소통의 중요성을 아는 교사들은 온라인 수업 환경 속에서도 어떻게든 소통하는 분위기를 만들어가려고 애썼다. 디지털 도구를 활용하여 학생들이 서로 의견을 나누도록 하고, 개별 학생들과 채팅 및 쪽지 기능을 활용하여 개인적으로 소통을 하거나 과제에 대해 구체적으로 피드백을 하면서 유대감을 쌓으려고 노력했다.

내가 대학에서 근무할 당시, 교수들이 온라인 수업을 잘할 수 있도록 지원하는 일을 했는데, 그때 발견한 사실 역시 '오프라인 수업을 잘하는 교수가 온라인 수업도 잘한다'는 것이었다. 자신의 수업에 대해 계속 고민하도록 촉구하는 것은 아이들에 대한 관심과 사랑이다.

신기하게도 학생들도 교사들이 얼마나 사랑을 담아 수업을 하는지 잘 안다. 지난 학기 강의 평가가 낮게 나와 고민이던 한 교수님에게 교수법 코칭을 해드린 적이 있었다. 코칭을 하면서 그 교수님이 스스로 발견한 사실은 학생에 대한 자신의 관심이 줄어들었다는 것이었다. 학생에 대한 관심이 줄어들다 보니 수업 자료를 준비하면서도 '학습자'의 관점이 아닌 '교수자'인 자신의 관심에서만 보았다는 것을 알게 되었다. 다음 학기가 끝나고 그 교수님에게 강의 평가가 잘 나왔다는 소식을 전해들었다. 아마도 교수님의 학생들에 대한 관심이 학생들에게도 고스란히 전해진 결과일 것이다.

아이들이 원하는 것은 화려한 온라인 콘텐츠를 만들어주는 교사도 아니고, 설명을 유창하게 하는 교사도 아니다. 이전에도, 그리고 앞으로도 아이들이 교사들에게 받고 싶은 것은 사랑과 관심이다. 그리고 그것이 담긴 수업이다. 코로나19 팬데믹을 경험하면서 우리는 변화 속에서도 변하지 않는 것을 발견했다. 그것은 바로 사람을 향하는 교육의 가치이다. 그 가치는 포스트코로나 시대에 더욱더 빛이 날 것이다.

위기 대응 온라인 수업에서
진짜 온라인 수업으로

《코로나 이후의 세계》(미디어숲)에서 미래학자인 저자 제이슨 셍커 Jason Schenker가 밝혔듯, 교육의 미래는 '온라인'이다. 그는 '온라인 교육이 일반화된 현상이 되는 데 필요한 분기점을 코로나19 사태로 이미 넘은 상태'라고 말한다. 하나의 현상이 일반화되기까지는 시간이 필요하지만 일정 분기점을 넘어서면 가속화되는 경향을 보이는데, 온라인 교육이 지금 그 분기점에 와 있다는 것이다.

앞으로 우리 교육에서도 온라인 교육은 빼놓을 수 없는 주제이며, 온라인 교육의 확대는 거스를 수 없는 방향이다. 그러니 이제 우리는 그동안 코로나19에 대응하기 위한 방편으로 급하게 추진했던 온라인 수업을 제대로 정비해 나가야 한다. 지금까지는 코로나19라는 상황에 어쩔 수 없이 밀려서 온라인 교육을 했다면, 이제는 어떻게 하면 그것의 교육적인 가치 및 효과를 높일 수 있을지에 대해 진지하게 고민해야 한다.

새로운 프레임에서 온라인 교육을 고민하자

갑자기 원격 수업을 하게 되면서 교사들은 영상을 녹화하는 툴, 실시간 수업을 할 수 있는 툴 등 새로운 툴의 기능을 배우기에 바빴다. 지금껏 온라인 수업을 진행하기에 가장 기본이 되는 디지털 도구의 활용법을 익혔다면, 이제는 온라인 수업을 통한 협력 학습이나 피드백 제공 등을 어떻게 구현할 수 있을지에 관심을 두면서 디지털 도구의 활용을 고민해야 할 때이다. 지금까지의 경험을 바탕으로 '어떻게 온라인 수업을 운영할까?'의 고민에서 벗어나 '어떻게 하면 효과적으로 온라인 수업을 운영할 수 있을까?'에 대해 생각해보아야 한다.

즉 이제 오프라인 수업이든 온라인 수업이든 교사는 '러닝 퍼실리테이션'을 할 수 있어야 한다. 나는 러닝 퍼실리테이션을 다음과 같이 정의한다.

"러닝 퍼실리테이션이란 학습자의 입장에서 최적의 학습이 될 수 있도록 학습 경험을 디자인하고 학습 과정을 촉진하는 활동이다."

《가르치지 말고 경험하게 하라》(플랜비디자인)

학생들의 학습을 촉진하기 위해서는 설계할 때부터 학습자 입장에서의 고민이 필요하다. 학습자들이 학습 후에 얻어가야 하는 학습 결과가 무엇인지, 그 결과를 얻기 위해 어떤 경험이 필요한지를 고민하고, 그것을 설계에 담아낼 수 있어야 한다. 특히 학습자 입장에서 다음의 세 가지 상호작용을 고려해서 설계해야 한다.

- 학습자와 학습 내용 간 상호작용
- 학습자와 학습자의 상호작용
- 학습자와 교수자의 상호작용

'어떻게 학생들이 학습 내용에 대해 깊게 생각하고, 공감하고, 배운 것을 활용해보게 할까?', '어떻게 학생들끼리 서로 소통하고, 학습 파트너가 되도록 할까?', '어떻게 학생과 개별적으로 소통하고, 교수자인 나와 유대감을 가질 수 있도록 할까?'가 바로 그것이다.

또한 온라인 교육이 가진 차별화된 장점을 잘 살릴 수 있어야 한다. 온라인 강의 설계에 대해 교육을 하다 보면 오프라인 학습의 방법이나 내용을 그대로 온라인으로 옮겨 놓고자 하는 교육자들을 종종 만나게 된다. 온라인 공간에서의 학습은 오프라인 공간이 줄 수 없는 새로운 경험을 줄 수 있다. 따라서 온라인 학습이 학습자에게 줄 수 있는 다음과 같은 장점을 잘 살릴 수 있도록 설계해야 한다.

학습자 입장에서 온라인 학습의 장점

- 학습자의 속도에 맞추어 천천히 학습할 수 있다.
- 맞춤화된 학습을 할 수 있고 개별 피드백을 받을 수 있다.
- 여러 가지 디지털 툴을 활용하여 재미있게 참여할 수 있다.
- 다양한 학습 자료 접근 및 심화 학습 기회를 가질 수 있다.
- 다양한 방식으로 다른 학습자들과 소통을 할 수 있다.
- 학습 결과물을 디지털로 기록할 수 있다.

'새 술은 새 부대에'라는 옛말이 있다. 무엇을 새로 만들게 되면 그것에 맞추어 환경도 새로 바꾼다는 의미인데, 우리가 지금 새롭게 만들어가는 '온라인 교육'을 기존 교육의 프레임 안에 넣으려고 한다면 온라인 교육은 진보하지 못할 것이다.

지금은 학생들이 원하면 언제든지 학습 내용을 인터넷 검색을 통해 찾을 수 있고, 교사보다 그 내용을 잘 알려주는 온라인 콘텐츠가 널려있는 시대이다. 그러니 새로운 온라인 교육을 '지식을 알려주는' 옛 부대에 담으려 하지 말자. 지식을 많이 아는 것이 중요한 게 아니라 아는 지식으로 무엇을 할 수 있는지가 중요하다. 학생들이 '자기만의 방식으로 배우고, 스스로 사고하고, 적극적으로 지식을 재창조하는' 미래 교육의 새 부대에 온라인 교육을 담을 수 있어야 한다.

블렌디드 러닝으로
온라인과 오프라인의 시너지를 내자

앞으로 교육에서 디지털과 비 디지털은 더 많이 섞일 것이고, 그것이 잘 섞였을 때 교육이 제대로 된 효과를 낼 수 있음은 자명하다. 광주 교대 박남기 교수는 《포스트코로나, 우리는 무엇을 준비할 것인가》(한빛비즈)를 통해 앞으로 교육은 스마트 교육과 대면 교육을 결합한 스마로그Smalogue(smart+analogue)형 교육이 될 것이며, 교수자들은 스마로그형 교육을 잘할 수 있는 역량을 키워야 한다고 강조한다.

포스트코로나 시대의 교육 분야에서 가장 대표적인 뉴노멀은 블렌디드 러닝이다. 현재 교육부에서는 원격 수업과 원격 수업, 혹은 원격 수업과 등교 수업을 혼합한 형식을 혼합 수업 모형으로 제시하고, 혼합 수업을 활성화하려고 하고 있다.

그런데 교육부에서 제시한 모형만 살펴보면 블렌디드 러닝을 어떻게 정의하는지가 명확하지 않다. 영어로 믹스mix와 블렌드blend는 서로 다른 의미를 가진다. 믹스는 물리적 결합, 즉 두 가지가 물리적으로 합쳐진 상태를 의미하고, 블렌드는 화학적 결합, 즉 두 가지가 블렌딩되어 섞인 상태를 의미한다.

혼합 수업(Blended Learning) 모형 예시

구 분	세부 모형 예시
원격 수업 간 블렌디드	1-1. 콘텐츠 활용 수업(예습) + 실시간 쌍방향 원격 수업 1-2. 실시간 쌍방향 원격 수업 + 과제수행형 원격 수업 1-3. 콘텐츠 활용 수업 + 과제수행형 원격 수업 + 쌍방향 원격 수업
원격 수업+ 등교 수업 간 블렌디드	2-1. 원격 수업(예습) + 등교수업(피드백, 프로젝트 학습 등) 모형 2-2. 등교수업(핵심개념학습) + 원격 수업(확인과제학습 · 피드백) 모형

참고 : 2020년 8월 6일 자 교육부 보도 자료

교육에서 블렌디드 러닝이 소개된 것은 아주 오래되었지만, 아직 우리나라 교육 현장에서 '블렌디드 러닝Blended Learning'에 대한 명확한 정의나 이해가 공유되지 않고 있었다. 그래서 많은 사람들이 사전에 온라인에서 개인 학습을 하고 수업에 와서 학습한 내용에 대한 토론, 실습, 문제 해결을 하는 '거꾸로 학습Flipped Learning'을 블렌디드 러닝과 동일시하곤 한다. 그러나 거꾸로 학습은 블렌디드 러닝의 다양한 실천 방법 중 한 가지에 불과하다.

"블렌디드 러닝은 교육적 목적을 충족시키기 위해 면대면 교실 학습 경험과 온라인 학습 활동을 신중하게 혼합한 것이다."

– 랜디 게리슨Randy Garrison

위의 정의에서도 강조하듯 블렌디드 러닝은 교육적 목적을 충족시키기 위해 온라인과 오프라인을 신중하게 혼합하는 것이다. 코로나19 위기 상황에서 어쩔 수 없이 원격 수업과 교실 수업을 병행했다고 해서 지금의 수업 형태를 제대로 된 블렌디드 러닝이라고 부를 수는 없다.

마이클 혼Michael Horn와 헤더 스테이커Heather Staker는 《블렌디드》(에듀니티)라는 책을 통해서 다양한 블렌디드 러닝의 모델과 실천 방법을 제시했다. 그들은 블렌디드 러닝이 '개별 맞춤화 학습'과 '역량 기반 학습'에 동력을 불어넣는 엔진과 같으며, 학생들의 관점에서 블렌디드 러닝이 의미가 있으려면 온라인 학습에서 어떤 방식으로든 '학습자가 스스로 학습을 조절하고 선택할 수 있는 요소'가 있어야 한다고 강조한다. 그리고 학습자에게 완전한 학습 경험을 제공하기 위해서는 '온라인과 오프라인의 요소가 제각각 기능하는 것이 아니라 통합적으로 기능해야 한다'고 설명하였다.

진정한 블렌디드 러닝은 단순하게 온·오프라인 혼합이라는 형태적인 변화를 요구하는 것이 아니라 교육이 주고자 하는 가치, 그리고 교수법에서도 새로운 접근을 요구한다. 이제 우리는 온라인과 오프라인이라는 단순한 믹스mix에 초점을 두는 것에서 벗어나 의미 있는 블렌딩blending을 고민해야 한다. 의미 있게 설계된 블렌디드 러닝은 매우 파워풀한 미래 교육의 수단이 될 것이다.

디지털에 매몰되지 말자

교육자들을 대상으로 디지털 도구를 활용하는 방법을 안내할 때마다 항상 강조하는 것은 '도구가 목적보다 앞서면 안 된다'라는 것이다. 어떤 도구든 목적에 맞게 활용하는 것이 중요하다. 그런데 디지털 도구가 온라인 교육의 효과를 보장해 줄 것이라는 생각으로 도구에 접근하는 교육자들이 종종 있다. 효과적인 온라인 수업 운영을 위해 디지털 도구의 활용은 유용하지만, 다양한 디지털 도구를 활용한다고 해서 반드시 온라인 수업이 효과적으로 되는 것은 아니라는 점을 꼭 인지해야 한다.

부모도 마찬가지다. 학부모 교육을 하면서 '미래 교육 = 온라인 교육'이라는 생각을 하는 부모들이 많다는 것을 알게 되었다. 코로나19 시대에 원격 수업을 경험하면서 이런 생각이 더 팽배해지지 않을까 걱정스럽다. 디지털 기술이나 도구에 대한 맹신이나 편향이 오히려 교육에서 더 중요한 것을 못 보게 만들 수 있다. 온라인인지 면대면인지가 미래 교육을 하고 있는지, 아닌지를 결정하지 않는다. 기술이 교육의 혁신을 보장해주지는 않기 때문이다.

어떤 플랫폼을 쓰는지, 어떤 최신 기술을 쓰는지가 온라인 수업의 핵심이 아니다. 학생과 어떻게 소통할지, 어떻게 피드백할지, 어떻게 해야 소외되는 학생들이 없도록 할지 등의 고민이 핵심이 되어야 한다. 기술은 우리가 그것을 왜 활용하고자 하는지를 명확히 알고 사용할 때만 의미가 있다. 명확한 목적 없이 활용되는 기술은 학습자들을 혼란하게 하거나 학습 시간을 갉아먹는 방해 요소가 될 뿐이다. 디지털 활용 역량은 교사들에게 반드시 필요하다. 그러나 도구에 매몰되어 본질을 놓치는 실수를 범하지 말아야 한다.

부모를 위한 온라인 학습 가이드가 필요하다

온라인 교육의 확대와 관련해서 교육에서 당장 고민해야 할 것은 학습자들과 학부모들을 어떻게 준비시킬 것인가이다. 코로나19가 확산하면서 많은 회사가 '재택근무'라는 선택을 했는데, 특히 외국계 회사의 경우 회사 차원에서 재택근무에 대한 매뉴얼을 만들어서 직원들에게 안내했다. 내가 우연히 접하게 된 재택근무 매뉴얼에는 집에서 어떻게 근무를 해야 하는지에서부터 위기 상황에서 스트레스 관리를 어떻게 해야 하는지까지 상세하고 친절한 지침이 포함되어 있었다.

그 매뉴얼을 보면서 왜 집에서 원격 학습을 하는 아이들에게는 아무런 매뉴얼이 제공되지 않는 것일까 하는 의문이 들었다. 온라인 학습, 원격 수업이 이미 오래전부터 이루어지고 있는 미국의 경우 학생들이나 부모들을 위한 '온라인 학습 가이드라인'이 만들어져 있다. 온라인상에서의 학습 역량을 키울 수 있는 구체적인 방법을 안내하고, 부모들이 집에서 온라인으로 학습하는 아이들을 도울 방법도 안내한다. 반면 우리는 이번에 온라인 개학과 원격 수업을 급하게 도입하면서 갑작스레 온라인 수업을 하게 된 교사들을 어떻게 도울지만 고민했지, 실제 수업을 듣는 아이들과 부모들을 어떻게 도울지에 대해서는 고민하지 못했다.

그러다 보니 앞에서 제시한 부모 대상 설문 결과에서 볼 수 있듯 부모들은 집에서 원격 학습을 하는 자녀를 어떻게 도와야 할지 몰라 힘들어했다. 원격 학습을 할 수 있도록 환경을 세팅하는 상황에서 디지털 활용 역량이 부족한 부모들은 추가적인 어려움을 겪었다. 처음 경험하는 원격 수업에 대한 부담과 코로나19로 인한 불안으로 심리적인 어려움을 겪는 자녀, 미디어 활용 시간을 통제 못 하는 자녀를 어떻게 도와주어야 할지 몰라 발을 동동 굴렀다. 이제 국가 차원에서 학부모들을 지원할 수 있는 다양한 서비스와 방안이 만들어져야 한다.

아는 것을 버리고
새롭게 배우자

"미래는 이미 여기 와 있다. 다만 퍼지지 않았을 뿐이다. The future is already here, it's just not evenly distributed yet."

과학소설가 윌리엄 깁슨William Gibson의 말이다. 현재와는 다른 미래가 아주 가까이에 와있지만 널리 퍼져있지 않아서 우리는 지금껏 새로운 미래의 존재에 민감하지 않았다. 그러나 코로나19를 경험하면서 부모들은 이제 우리 아이들이 과거와는 아주 다른 방식으로 교육받고 아주 다른 문제들을 직면하며 살아갈 것이라는 것을 쉽게 예상할 수 있게 되었다.

부모도 끊임없이 배워야 한다

"여기 계신 부모님들이 자녀의 미래에 대해서 확실히 알고 있는 것이 무엇인가요?"

학부모 교육을 하러 가서 오프닝으로 자주 물었던 질문이다. 이 질문을 던지면 대다수의 부모는 대답을 머뭇거린다. 과연 우리는 우리 아이들의 미래에 대해 무엇을 확실하게 알고 있을까? 그에 대한 답은 단 한 가지이다. 바로 '부모들이 모르는 시대에 산다'라는 것이다.

"아이들이 살아갈 세상은 더 이상 부모들이 자녀보다 더 많이 알고 있는 세상이 아닙니다."

원격 수업을 경험해 보지 않은 부모들은 원격 수업을 듣고 있는 자녀들보다 그것에 대해 더 많이 알고 있지 않다. 다양한 디지털 도구를 접하면서 능숙하게 활용하고 있는 아이들의 역량을 부모들은 따라가지 못한다. 그러므로 아이들이 만날 시대에 대해서 이미 다 알고 있다고 착각해서도 안 되고, 과거의 교육 방식이나 성공 패러

다임에 연연하면서 자녀를 키워서도 안 된다. 이제 부모들은 자신이 모르고 있다는 사실을 겸허하게 받아들여야 한다. 그 겸허함이 오히려 아이들을 더 좋은 방향으로 안내할 힘이 된다.

"그럼 우리가 살아보지 않은 시대에 살아갈 아이들을 어떻게 도와줄 수 있나요?"

이 질문에 대해 나는 세 가지가 꼭 필요하다고 대답한다. 내가 모른다는 것을 받아들이는 겸허함, 새로운 환경에 적응하는 적응력, 그리고 새로운 것에 호기심을 갖고 기꺼이 배우는 학습력이다. 즉 내가 모른다는 것을 인정하고 적극적으로 호기심을 가지고 새로운 환경에 적응해야 한다.

배움에서 중요한 오픈 마인드와 유연한 태도

잘 배우기 위해서는 두 가지 형태의 학습을 잘해야 한다. 첫 번째로 습득을 잘해야 하고, 두 번째로 비움을 잘해야 한다. 중요한 것은 비움이 있어야 습득이 된다는 것이다. 그 비움을 '언러닝unlearning'이라고 하는데, '아는 것을 버린다'라는 의미이다.

학부모들에게 강의하면서 내가 늘 강조하는 것이 바로 이 비움이다. 많은 부모가 새로운 정보를 배우는 것에 대해 상당히 적극적이다. 강연을 통해, 책을 통해, 주변 부모들을 통해 습득을 하는 것은 잘하는데 의외로 기존에 가지고 있는 교육에 대한 생각을 버리는 것은 잘하지 못한다.

그러나 버리지 않으면 새로운 지식이 들어갈 공간이 생기지 않아 실제로 배움이 일어나지 못한다. 포스트코로나 시대 부모들이 반드시 적극적으로 버려야 하는 것은 '교육은 이래야 한다'라는 과거의 선입관 혹은 편견이다. 이제 우리는 정답이 없는 시대, 모든 것이 계속 변하는 시대에 살고 있기 때문이다. 따라서 오픈마인드를 가지고 배워야 한다.

답을 찾으려는 생각보다는 다양한 가능성이나 선택지를 발견하겠다는 생각으로 배움에 뛰어들어야 한다. 우리 아이에게 가장 최적인 답을 아이와 함께 만들어가겠다는 생각을 가져야 한다. 이때 앞에서 아이를 끌어주기 위해서도 아니고, 뒤에서 아이를 밀어주기 위해서도 아니고, 아이 옆에서 함께 달린다는 생각으로 배우기를 권한다.

또한 '유연한 태도'는 가지면 좋은 것이 아니라 꼭 가져야 할 것이 되었다. 우리는 지금 기존에 있던 길이 없어지고 새로운 길이 생기는 시대에 살고 있다. 꼿꼿한 대나무보다는 흔들릴 줄 아는 갈대가 되어야 답이 없는 시대에 새로운 답을 향해갈 수 있다. 포스트코로나 시대에는 새로운 교육 방법이 많이 시도될 것이고, 학교 안팎에서 다양한 교육적 실험이 이루어질 것이다. 이러한 교육의 변화에 유연해져야 한다.

3장부터는 교육의 뉴노멀을 맞아 미래로 나아갈 아이들에게 부모들이 어떤 연료를 채워줘야 할지, 포스트코로나 시대를 살아가면서 부모로서 어떤 변화에 더 집중하여 어떤 방향으로 아이를 도우면 좋을지 안내할 것이다.

변화와 스트레스가 많아진다	➡	**마음의 힘을 키워라**
상호의존성이 더 높아진다	➡	**더불어 사는 능력을 키워라**
디지털 환경에서 살아간다	➡	**디지털 리터러시를 강화하라**
평생 주도적으로 배워야 한다	➡	**혼자서 학습하는 힘을 키워라**
평균적인 기준이 사라진다	➡	**자기 삶을 스스로 디자인하라**

그러나 이 책에서 안내하는 내용도 절대 '정답'이 아니다. 이 책을 읽는 부모들이 스스로 답을 찾아가는 데 있어서 도움이 될 만한 재료들이라고 생각하며 읽기를 바란다.

RESILIENCE

Chapter 3

마음의 힘을
키워라

코로나 블루를
겪는 아이들

한 번도 겪어보지 않는 코로나19 사태는 많은 사람에게 우울감과 무기력증과 같은 심리적인 어려움을 주었다. 그리고 이 때문에 '코로나 블루'라는 신조어가 생겨났다. '코로나 블루Corona Blue'는 '코로나19'와 영어 단어 '우울감blue'을 합성한 신조어이다. 재난 상황으로 일상에 여러 가지 변화가 오고, 원래 행동이나 생활이 제한되면서 아이들 역시 스트레스가 상당히 높아졌다는 뉴스 기사 및 연구 결과가 계속 쏟아져 나오고 있다.

2020년 6월 29일 자 경향신문 "'엄마, 우울해요'… 아이들에게

번지는 코로나 블루' 기사에서는 전국 초4~고2 아동·청소년 1,009명을 대상으로 실시한 설문조사 결과를 소개했는데, 코로나19 사태 이후 아이들의 평균 수면 시간과 공부 시간이 이전보다 각각 41분(8시간 6분→8시간 47분), 56분(3시간 49분→4시간 45분) 늘었으며, 평균 미디어 사용 시간은 2시간 44분(3시간 54분→6시간 38분)이나 느 데 비해 운동 시간은 21분(1시간 2분→41분) 줄었다고 한다. 즉 상대적으로 활동량이 줄어든 것이다.

2020년 5~6월 대구시교육청이 중·고등학생과 교사 1만 500여명을 대상으로 실시한 설문조사는 코로나19로 인한 스트레스가 얼마나 심각한지 보여준다. 설문 결과에 따르면 코로나 확산 이전(2019년 12월 이전)에는 '견디기 힘든 스트레스를 경험했다'는 학생 응답이 9.0%였는데 코로나가 최고점에 달하던 2~3월에는 16%로 증가했으며, 교사들의 경우 15.8%에서 43.3%로 크게 늘었다고 한다. 학생과 교사 모두에게 가장 견디기 힘든 스트레스 영역은 '비일상적 경험'이었다.

'비일상적 경험'과 그로 인한 갑작스러운 삶의 변화로 스트레스를 겪는 것은 누구에게나 일어날 수 있다. 그러나 사람마다 스트레스를 이겨내는 저항력이 다르다. 어떤 사람은 스트레스가 마음에 가득 쌓여 넘치기 전에 조절할 수 있는가 하면, 어떤 사람은 스트레스를 어떻게 처리할지 몰라 계속 쌓아두다 넘쳐 결국 심각한 마음의 병으로 이어지게 된다. 그렇기에 스트레스를 조절하고 이겨내는 힘은 위기 상황에서 더욱 필요한 능력이다.

 이번에는 코로나19이지만 다음에는 또 어떤 예상치 못했던 문제가 우리 삶에 들이닥칠지 모른다. 과학 기술의 급격한 발전과 더불어 지구온난화로 인해 세계 곳곳에서 이상 기후 현상이 벌어지고 있으며, 인과관계를 따지기조차 어려운 여러 분쟁과 마찰이 거듭되고 있다. 앞으로 우리 아이들은 삶의 불확실성과 예상치 못한 문제들을 헤쳐나가며 살아가야 한다. 새로운 문제나 변화를 마주할 때마다 마음이 무너진다면 계속해서 마음의 롤러코스터를 타며 어려움을 겪을 수밖에 없다. 이제 우리 아이들에게는 외부의 바람에도 크게 흔들리지 않고 자신의 마음을 단단히 붙잡을 힘이 더욱더 중요하다.

회복탄력성을
키워주자

코로나19 사태를 통해 경험했듯 위기나 시련은 언제 어디서나 만날 수 있으며, 그 모든 위험을 미리 알고 피하기는 힘들다. 그러므로 어려움을 만났을 때 건강하게 회복할 수 있는 힘을 길러두어야 한다.

주변을 둘러보면 어떤 사람은 시련을 이기고 쉽게 복귀하는 반면, 어떤 사람은 시련을 겪은 후 원래의 자리로 돌아오는 데 시간이 상당히 오래 걸린다. 이 차이를 '회복탄력성resilience'으로 설명할 수 있다. 회복탄력성을 간단하게 설명하자면 '위기나 역경을 극복하고 긍정적인 상태로 되돌아갈 수 있는 능력'이다.

다행히도 회복탄력성은 충분히 교육으로 키울 수 있는 능력이다. 코로나19 시대, 회복탄력성의 가치는 점점 높아지고 있다. 어떻게 하면 우리 아이들이 그 능력을 키울 수 있을까?

문제를 회피하기보다는 정확하게 이해해야 한다

코로나19라는 위기 상황에 직면했을 때 나는 어떻게 반응했을까? 한번 되돌아보자.

'뭐든지 긍정적으로 생각하면 다 잘될 거야.' '조금 있으면 좋아지겠지.'	**막연한 희망적 사고**
'이 정도면 상황이 그렇게 나쁜 건 아니지.' '어떻게 내게 이런 일이 있을 수 있지?'	**현실 부정**
'모든 게 사회적 거리 두기를 안 하는 사람들 때문이야!'	**비난**

《회복탄력성이 높은 사람들의 비밀》(이마고)의 저자 조앤 보리센코Joan Borysenko에 따르면 막연한 희망적 사고, 현실 부정, 합리화나 비난은 사람들이 위기 상황에 부닥칠 때 흔히 사용하는 대처 전략이다. 그런데 이 전략은 사실 현실 직시가 고통스럽기 때문에 활용하는 '회피 전략'이다.

회복탄력적인 사고를 하는 사람들은 흔히 낙천적인 성격 혹은 긍정적인 태도를 가지고 있을 것이라고 여겨지는데, 조앤 보리센코는 회복탄력성의 근간은 '단호한 현실 수용'이라고 말한다. 즉 어려운 상황을 잘 극복하려면 고통스럽더라도 어려움을 회피하지 말고 똑바로 바라볼 수 있어야 한다는 것이다.

현실을 정확하게 파악하기 위해서는 올바른 지식을 가지고 있어야 한다. 처음 코로나19가 급격히 확산하던 시기, TV나 인터넷, SNS에는 코로나와 관련된 검증되지 않은 정보와 불확실한 소문이 넘쳐났고, 어른들조차 거짓 정보에 흔들리는 경우가 많았다. 아이를 위한다는 마음으로 사실을 외면하는 경우도 있었다. 그러나 아이들은 거짓 정보와 정확한 정보를 구분하지 못하는 경우가 많으므로 아이가 현 상황을 정확하게 볼 수 있도록 해주는 것이 중요하다. 아이가 불안해할까 봐 사태를 아무것도 아닌 것으로 축소해서 이야기하거나 경각심을 높여준다고 상황을 너무 과장하거나 확대해서 이야기하는 것은 절대 아이에게 도움이 되지 않는다.

외상 후 스트레스 장애에 대해 연구하는 스티븐 사우스윅Steven Southwick 박사는 회복탄력성이 높은 사람들은 일어난 사건을 자신에게 설명하는 특별한 방식을 가진다는 것을 발견했다. 이들은 어떤 일의 부정적인 면을 보더라도 그것에 집착하지 않고, 불필요하게 확대하거나 일반화하지 않는다. 그리고 그 사건을 개인적으로 바라보지 않고, 문제가 영구적인 것으로 단정하지도 않는다.

어려운 상황에 처할 때 빠지는 생각 패턴

- 외부 탓을 한다.

- 자신의 탓을 한다.

- 지나치게 두려움에 휩싸인다.

- 어려움을 지나치게 확대하여 해석한다.

- 해결할 수 없을 것으로 단정한다.

사람들은 어려움에 처할 때 위와 같은 생각 패턴에 빠지곤 한다. 자녀가 어려움을 경험할 때 어떤 생각 패턴에 자주 빠지는지 살펴보고, 거기서 빠져나와 객관적으로 바라볼 수 있도록 도와주자.

자신의 어려움을 털어놓고 도움을 구하는 아이로 키워라

예전에 대학에서 학사 경고생들을 코칭하면서 흥미로운 사실을 발견했다. 자기 문제나 어려움을 털어놓는 것은 누구나 할 수 있는 일 같지만 실제로는 그것을 정말 어려워하거나 혹은 하기 싫어하는 사람들이 많다는 것이다. 그리고 어려움을 타인에게 잘 털어놓은 사람이 그렇지 않은 사람보다 훨씬 더 빨리 회복된다는 것이다. 당시 내가 학사 경고생들을 대상으로 '동행'이라는 코칭 프로그램을 기획하여 운영한 이유도 학생들이 자신의 어려움이나 문제를 혼자서 해결하려고 하거나 자꾸 숨기기보다는 드러내서 적극적으로 해결할 수 있도록 돕기 위해서였다.

자녀의 회복탄력성을 키워주고자 한다면 어릴 때부터 어려움이 있을 때 이를 감추려고 하기보다는 주변 사람들에게 적극적으로 도움을 구하는 습관을 갖도록 해야 한다. 사람들은 종종 어려움에 부닥치면 뒤로 숨으려고 하며, 다른 사람들과의 접촉을 피하려고 한다. 힘든 모습, 혹은 고통을 겪는 모습을 보여주는 것이 자존심이 상하기 때문이다. 그런데 이렇게 위기의 상황에서 뒤로 숨어버리면 현실을 직시하는 일과는 점점 더 멀어져 자기 합리화, 자기부정, 비난에 빠지게 된다. 그러나 회복탄력성이 높은 사람은 다른 사람과의 소통을 즐기고 자신의 감정을 솔직하게 표현한다. 우리는 자신의 상태를 신뢰할 수 있는 누군가에게 털어놓고 적극적으로 도움을 구하는 과정에서 자신을 좀 더 객관적으로 바라볼 수 있다. 그리고 자신이 빠져있는 '생각의 함정'을 발견할 수 있다. 이런 이유로 어려움을 털어놓는 것이 문제를 해결하는 건강한 방식이라는 것을 자녀가 인식하도록 해줘야 한다.

"어려움을 누군가에게 털어놓아도 괜찮아."
"우리는 어려운 문제를 함께 해결할 수 있어."
"누구와 함께 너의 어려움에 관해 이야기해보고 싶니?"

아이가 힘든 일을 겪을 때 적극적으로 도움을 구하게 하려면 부모에 대한 신뢰가 형성되어 있어야 한다. 그러려면 평소에 작은 어려움을 털어놓았을 때 이야기를 들어주고 반응해주면서 긍정의 경험을 쌓아주어야 한다. 부모를 믿고 자신의 어려움을 털어놓고 도움을 구할 수 있는 아이야말로 건강하게 위기를 극복할 수 있다.

계획에 대한 집착에서 벗어나게 하라

주변사람들이 코로나19 사태에 대응하는 양상을 보면 계획을 촘촘하게 세워두는 사람일수록, 완벽을 추구하는 성향이 강한 사람일수록 원하는 대로 할 수 없는 상황 앞에서 좌절감과 스트레스를 더 많이 받는 것을 알 수 있다. 흔들림이 많은 시대를 현명하게 살아가는 방법은 역설적으로 자신에게 흔들림을 허락하는 것이다.

《회복탄력성이 높은 사람들의 비밀》에서 소개한 회복탄력성이 높은 사람의 특징 중 하나가 '습관화된 기발함'이다. 이는 상황의 변화가 생겼을 때 자신이 가진 자원을 가지고 새로운 해결책을 만드는 능력을 말한다. 위기를 겪는 상황에서 창의성을 발휘한다는 것은 절대 쉽지 않지만 회복탄력성이 높은 사람들은 원래 하던 방식을 고수하기보다는 즉흥성을 발휘하여 빨리 전환한다.

누구나 원래 하려고 했던 계획이 무산되면 스트레스를 받는다. 그런데 원래의 계획에 대해 집착을 많이 가지면 가질수록 스트레스의 강도는 더 세진다. '반드시, 꼭, 기필코, …' 이런 말을 많이 하는 사람일수록 계획대로 이루어지지 않았을 때 더 깊게 절망한다. 그러니 집착하지 않는 태도가 무엇보다 중요하다.

"계획은 세우되 느슨하게 세우고 계속 수정해나가세요. 그리고 Plan B도 미리 생각하세요."

《나를 위한 해시태그》(소울하우스) 중에서

요즘 내가 학생들을 만나면 자주 하는 말이다. 계획은 계획일 뿐이다. 그러니 계획을 세울 때 한 방향으로만 세우는 것이 아니라 다양한 방향으로 생각의 폭을 넓혀서 옵션을 다양화하는 전략을 취하는 것이 현명하다.

이제는 계획을 꼼꼼하게 잘 세우는 능력보다 융통성 있게 계획을 세우고 그것을 상황에 맞게 잘 수정하는 능력이 더 중요하다. 만약 아이가 원래의 생각, 원래의 계획, 원래의 상태에 집착한다면 변화된 상황에 맞춰 빨리 새로운 해결책, 혹은 Plan B를 만들어내도록 도와주자. 이미 엎질러진 물을 보면서 후회하거나 슬퍼하기보다는 '다음의 액션'을 생각하도록 도와주어야 한다. 아이가 원래 하려고 했던 일을 할 수 없게 돼서 속상해한다면 아이에게 다음과 같은 질문을 던져 스스로 새로운 해결책을 만들어내도록 도와주자.

"지금 이 상황에서 앞으로 나아가려면 어떻게 하면 될까?"

마음챙김을
훈련하게 하자

"취미가 명상입니다. 명상을 하면 직관적이게 되고, 영감을 쉽게 잡아챌 수 있게 되거든요."

이 말을 들으면 나이가 꽤 든 사람이 한 이야기로 느껴지겠지만 놀랍게도 이 말의 주인공은 만 18세 래퍼 김하온 군이다. 〈고등래퍼 2〉의 우승자인 김하온 군은 방송에서 명상이 취미라고 당당하게 말한다. 명상이 취미란 말에 다른 출연자들과 평가자들이 처음에는 수군거렸지만 "그냥 저는 저답게 랩을 했을 뿐입니다."라고 말하는 그에게서 느껴지는 성숙함을 보고 다들 그의 취미에 호기심을 갖게 되었다. 마음챙김을 위해 종종 명상을 하는 나는 예술을 하는 김하온 군에게 명상이 어떻게 도움이 되었을지 이해가 된다. 명상은 요동치는 마음을 고요하게 해주고, 마음을 알아차릴 수 있게 해주어 스트레스를 이기는 힘을 길러준다.

마음챙김으로 스트레스를 조절하는 힘을 키워라

요즘 아이들은 학교생활에서뿐만 아니라 학업에서 다양한 스트레스를 경험한다. 그런데 작은 스트레스에 걸려도 유독 크게 넘어지는 아이들이 있다. 스트레스에 취약한 이 아이들에 대해 정확하게 이야기하자면 스트레스에 걸려 넘어지는 것이 아니라 스트레스에 대처하는 자신의 태도에 걸려 넘어지는 것이다.

스트레스는 사실 우리가 벌어진 일을 어떤 관점으로 바라보느냐에 달려있다. 스스로 어떻게 반응하느냐에 따라서 어떤 일이 스트레스가 될 수도 있고 안 될 수도 있다는 말이다. 그러므로 스트레스를 잘 관리하고 싶다면 결국 스트레스를 바라보는 자신의 마음을 건강하게 키워나가야 한다.

스트레스를 받으면 뇌에서 편도체가 활성화된다. 마음챙김을 하면 스트레스를 피할 수는 없겠지만 편도체가 활성화된 상태를 원래의 활력이나 집중력을 발휘할 수 있는 상태로 회복하는 데 걸리는 시간을 조절할 수 있다.

스노볼snowball을 세게 흔들면 그 속의 가루들이 사방으로 퍼지면서 시야가 흐려진다. 그러나 흔들지 않고 가만히 두면 가루들이 다시 가라앉으면서 안을 들여다볼 수 있게 된다. 스트레스를 받을 때 그 스트레스로 인해 마음의 스노볼을 더 세게 흔드는 사람이 있는가 하면, 동요된 스노볼이 고요해지도록 조절하는 사람이 있다. 이러한 조절력은 마음챙김 훈련으로 키울 수 있다.

마음챙김은 일종의 정신적인 근육인데 이 근육은 훈련을 통해 강화된다. 마음챙김과 뇌에 관한 연구 결과들을 살펴보면 마음챙김을 훈련한 사람들의 경우 그렇지 않은 사람들보다 뇌의 특정 영역에서 회색질이 늘어난다. 그 영역은 바로 전두엽 뒤쪽 이마 깊숙이 위치한 전방대상피질이다. 전방대상피질은 자기 조절 능력과 관련이 깊은데 주의와 행동을 통제하는 역할을 한다.

학자마다 마음챙김을 조금씩 다르게 정의하는데, 일반적으로는 '우리 내면뿐만 아니라 주변에서 어떤 일이 일어나는지 있는 그대로를 알아차리는 능력'이라고 정의한다. '있는 그대로를 알아차리는 것'은 쉬워 보이지만 실천하기 어렵기 때문에 훈련이 필요하다.

일반적으로 마음챙김을 얘기하면 연상하는 활동이 '명상'이다. 고등래퍼 김하온 군이 취미라고 이야기한 명상은 특정 종교와 관련된 활동이 아니라 마음을 챙기기 위한 활동이다. 지금 하던 일을 멈추고 편안하게 앉거나 누워보자. 그리고 눈을 감고 자신의 호흡에 집중해보자. 내 숨이 들어오고 나가는 것에 주의를 기울여보자. 내 호흡에 온전히 주의를 기울일 수 있는가? 아니면 계속 딴생각이 나면서 내 의도와 내 마음이 따로 노는 것 같은 느낌이 드는가? 우리 일상에서는 마음을 놓치는 일이 종종 일어난다. 우리의 몸은 지금 이 순간에 있지만 마음은 늘 과거의 어딘가에서 서성거리고 있거나 이미 멀리 미래로 달려가 있는 경우가 많다. 명상은 이렇게 우리가 놓친 마음이 제자리로 돌아오는 것을 도와준다.

마음챙김을 한다는 것은 구체적으로 다음과 같은 것을 할 수 있다는 의미이다.

- 집중하는 대상으로 마음을 돌릴 수 있다. (주의집중)
- 내 생각 패턴을 바라볼 수 있다. (초인지)
- 반응하기 전에 잠시 멈출 수 있다. (정서 조절)
- 있는 그대로를 알아차릴 수 있다. (알아차림)
- 내 몸의 스트레스 반응을 알아차리고 이완할 수 있다. (스트레스 조절)
- 한 가지 생각에 갇히지 않고 다양한 가능성을 본다. (열린 마음)

40년 넘게 마음챙김을 연구해온 엘렌 랭어Ellen Langer 교수는 자기 분야에서 최상층에 오른 사람 중에서 마음챙김을 실천하는 사람을 쉽게 찾아볼 수 있음을 발견했다. 그들이 성공할 수 있었던 것은 마음챙김을 통해 어떤 상황에 반사적으로 반응하지 않고 적절하게 대응할 힘을 키웠기 때문일 것이다. 스트레스가 더 많아지는 시대에 살아갈 우리 아이들에게 마음챙김은 이제 필수적인 배움이 되었다.

마음챙김은
학습력을 높인다

마음챙김은 어떤 상황에 반사적으로 반응하지 않고 적절하게 대응할 힘을 키워 스트레스를 이겨낼 수 있게 해주지만, 부모들의 최대 관심사인 '자녀의 학습력'에도 도움을 준다.

"저 오늘 공부할 기분이 아니에요."
"넌 공부를 기분으로 하니?"

아이가 공부에 대해 푸념을 할 때 부모들이 흔히 하는 말이다. 그런데 사실 아이의 말대로 '공부는 기분으로 하는 것'이다.

위의 그림은 로버트 실베스터Robert Sylwester 교수가 설명한 정

서와 학습의 관계이다. 앞선 예시로 돌아가 보면 기분이 안 좋으니(정서), 공부하려고 앉아도 딴생각이 나고(주의), 공부가 안된다는 것이다(학습). 흔히 학습을 인지적인 활동으로만 오해하는 경우가 많은데 학습에 '정서'가 미치는 영향은 우리가 생각하는 것보다 강력하다. 아이들의 정서, 혹은 기분의 질이 학습의 상태에 직접적으로 영향을 미친다. 이것이 바로 아이들에게 마음챙김의 근육이 필요한 또 다른 이유다.

《마음챙김 교수법으로 행복 가르치기》(Deborah Schoeberlein·Suki Sheth, 학지사) 저자는 아이들이 마음챙김을 통해 스스로 정서를 관리할 수 있으면 다음과 같은 측면에서 학습에 효과적이라고 설명한다.

마음챙김이 학생에게 주는 장점

- 주의력과 집중력을 강화한다.
- 시험 불안을 감소시킨다.
- 자기 성찰과 자기 평안을 증진한다.
- 충동적인 행동을 감소시킴으로써 수업 참여도를 향상한다.
- 스트레스 감소 기법을 배울 수 있다.
- 친 사회적 행동과 건강한 인간관계를 기른다.

평소 삶에서 마음챙김을 훈련하면 학습할 때에도 그 힘을 가져와서 사용할 수 있다. 미국의 경우 마음챙김은 사회정서학습Social and Emotional Learning:SEL 프로그램의 일환으로 아이들에게 많이 소개되고 있다. 미국 사회정서학습협회 CASEL에 따르면 사회정서학습에서는 '자기 인식, 자기 관리, 사회적 인식, 책임 있는 의사 결정, 관계 기술'이라는 다섯 가지 유능성에 초점을 두고 아이들이 자신의 감정을 관리하고 다른 사람에게 공감하도록 돕고 있다. 사회정서학습 프로그램의 효과성과 관련된 많은 연구의 결과를 보면 SEL 프로그램에 참여한 학생들은 사회정서나 태도 면에서도 유의미한 향상을 보였을 뿐만 아니라 학업성취도 면에서도 향상을 보여주었다.

"마음챙김은 나를 진정시키고 편안함을 얻기 위해 몸속을 여행하는 것과 같아요."

"마음챙김을 수련하면 알게 되는 것이 많은 거 같아요. 개미가 움직이는 소리도 들을 수 있고, 심지어 몸속에서 피가 흐르는 것도 느낄 수 있어요."

"마음챙김은 친구와 다툼이 있을 때도 유용해요. 단지 심호흡을 크게 몇 번 한 다음에는 훨씬 효과적으로 대응할 수 있도록 도와줍니다."

위의 소감은《마음챙김 학교 교육》(Daniel Rechtschaffen, 서울경제경영)에 실린 초등학생들의 소감이다.

그동안 우리의 교육은 아이들의 마음 근육을 단련해주는 데에는 많은 신경을 쓰지 못했다. 마음 근육을 단련하는 일을 개인이 해야 하는 일로 치부해 버리거나 마음의 힘보다는 인지적 학습 능력이 더 중요한 능력이라고 생각해왔다. 그러나 전 세계적으로 학교 교육과정을 통해 아이들에게 마음챙김을 안내하는 시도들이 늘어나고 있고, 그 시도의 긍정적인 결과들이 공유되고 있다.

필요할 때 멈출 수 있는 힘, 자동적인 반응에서 벗어나 상황에 맞게 반응할 수 있는 힘, 한 가지 일에 집중하는 힘, 나와 다른 사람을 연민할 수 있는 힘, 호기심을 가지고 바라볼 수 있는 힘… 이런 힘들은 계속 써야만 강해진다. 코로나19로 인해 회복탄력성과 단단한 마음이 요구되는 요즘, 이제는 학교뿐만 아니라 가정에서도 아이들에게 마음챙김을 지도하여 이런 마음을 다루는 힘을 키워나가도록 도와야 한다.

아이와 함께
마음챙김을 연습하자

사실 마음챙김은 아이들뿐만 아니라 부모들에게도 필요하다. 마음챙김을 배우면 부모들도 자신의 스트레스를 관리하는 데 도움이 될 뿐만 아니라 아이들에게 마음챙김 롤모델이 되어줄 수 있다.

나는 현재 다른 전문가들과 함께 교사들이 교수법에 마음챙김을 융합해서 가르칠 수 있도록 하는 '마음챙김 교수법 프로그램'을 개발하고, 온라인으로 마음챙김 습관 모임을 운영하고 있다. 이 교육에는 교사뿐만 아니라 학부모를 포함한 일반인도 참여하고 있는

데, 그 교육에서 안내하는 내용 중에서 부모가 아이들과 쉽게 해 볼 수 있는 마음챙김 활동 몇 가지를 소개하고자 한다.

1. 호흡 명상을 통해 잠시 멈추기

마음에 걷잡을 수 없는 감정이 몰아질 때 가장 먼저 해야 하는 일은 일단 멈추는 것이다. 대부분의 사람은 화가 난 상태에서 바로 어떤 말이나 행동을 하고 나서 후회를 하곤 한다. 화가 나면 '잠시 멈추어야지'라는 생각을 하기조차 어렵기 때문이다. 그래서 잠시 멈추기를 하기에 가장 효과적인 방법은 머리가 아닌 몸을 활용하는 것이다.

우리 안에는 언제든 나의 중심 잡기에 활용할 수 있는 닻이 있는데 그것은 바로 우리의 호흡이다. 호흡은 우리가 무언가에 집중할 수 있도록 도와주고 호흡을 하다 보면 긴장이 이완되어 평온한 상태가 된다. 호흡 명상은 아이와 함께 마음챙김을 할 때도 가장 쉽고 효과적인 방법이다.

Practice **아이와 함께 호흡 명상하기**

1) 편안하게 의자나 방석 위에 앉아서 눈을 감거나 부드럽게 바닥을 바라본다.
2) 자신이 호흡하고 있다는 것을 알아차려본다.
3) 숨을 들이쉬면서 '내가 숨을 들이쉬고 있구나'를 알아차리고 숨을 내쉬면서 '숨을 내쉬고 있구나'를 알아차려본다.

4) 숨을 들이쉴 때는 좋은 에너지가 내 몸 구석구석에 퍼지고 숨을
   내쉴 때는 나쁜 에너지가 내 안에서 빠져나간다고 생각해본다.

5) 에너지 순환을 위해 좀 더 깊게 들이쉬고 내쉬기를 해본다.

6) 호흡을 하다가 다른 생각이 나면 '지금, 여기'라고 나에게 부드럽
   게 속삭이며 다시 호흡에 집중해본다.

호흡 명상하기는 시간이 오래 걸리지 않으면서도 '잠시 멈추기'
를 훈련하는 데 효과적이다. 매일 아침에 일어나서, 혹은 자기 전에
시간을 정해서 아이와 함께 호흡 명상을 해보고 아이와 어떤 기분
이 들었는지 이야기를 나누어보자. 특히 평소에 감정의 기복이 심
하거나 스트레스에 민감한 아이들은 1분 호흡 명상을 습관화하면
좋다.

2. 한 가지 일에 마음을 다해보기

일뿐만 아니라 학습에서도 '집중력'은 매우 중요하다. 인공지능
이 인간이 하던 단순 작업을 대체하는 4차 산업혁명 시대에 살고 있
는 우리에게 필요한 능력은 오히려 '깊게 사고하고 깊게 몰입할 수
있는 능력'이다. 《딥워크》(민음사)의 저자 칼 뉴포트Cal Newport는 '딥
워크(일에 몰두하는 능력)가 점점 더 희귀해지는 반면 이것에 대한 사
회적 가치는 높아지고 있어 딥워크가 앞으로 핵심 역량이 될 것'이
라고 말한다.

그런데 문제는 스마트기기의 발달로 이러한 능력이 저하되고 있

다는 것이다. 휴대전화나 매체들의 영향으로 아이들의 집중력 시간은 점점 더 줄어들고 있을 뿐더러 아이들의 일상은 학원, 숙제, 게임 등 여러 가지 일을 처리하느라 늘 분주하다. 산만하지 않게 정신을 집중하는 것이 점점 더 어려워지고 있는 것이다. 그렇다면 어떻게 아이들이 집중하는 힘을 키우도록 도울 수 있을까? 다음과 같이 일상에서 어떤 일을 할 때 그 일 하나에만 온 마음을 다해보는 '마음다함' 연습을 해보자. '마음다함'은 틱낫한 스님이 강조하는 마음챙김의 훈련 방법이다.

Practice **마음챙김 먹기**

아이들과 과일을 먹을 때 먼저 그것을 관찰해본다. 색깔은 어떤지, 촉감은 어떤지, 어떤 냄새가 나는지 세심하게 관찰하고 그것에 관해 이야기해본다. 그러고 나서 과일을 입에 넣고 아주 천천히 그 맛을 음미해보도록 한다. 혀와 이에서 느껴지는 질감과 맛을 인식하면서 평소의 절반 속도로 천천히 음식을 먹으면서 마음을 다해 그 맛을 음미하는 시간을 가져본다.

Practice **한 번에 한 가지만**

어떤 일을 할 때 한 번에 한 가지만 하는 습관을 갖도록 한다. TV를 보면서, 이야기하면서, 동시에 휴대전화로 검색을 하는 습관을 지닌 아이들에게는 한 번에 한 가지 일을 하는 것이 고된 수련의 과정이 될 것이다. 그러나 아이들이 멀티태스킹의 노예가 되기 전에 이 의미

있는 수련을 시작해야 한다.

"지원아, 한 번에 한 가지만."

나 역시 아들이 여러 가지 일을 동시에 하려고 하면 이렇게 인지를 시켜준다. 이런 습관을 들이게 하고 싶다면 가족들이 함께 한 가지 일에 마음 다하기를 실천해보자. 산책할 때는 자연을 즐기는 것만, 식사할 때는 TV를 끄고 맛을 즐기는 것만, 양치질할 때는 그것의 감각에 집중하는 것만, 쉴 때는 온전하게 쉬는 것만, 이렇게 가족들이 함께 실천해보길 추천한다.

3. 현명한 나를 불러내기

살다 보면 질투하는 나, 욕심부리는 나, 충동적인 나와 같이 내가 마주하기 싫은 나의 모습을 마주할 때가 있다. '내 속엔 내가 너무도 많아, 당신의 쉴 곳 없네.' 이 노래 가사처럼 내 안에 여러 개의 내가 있어 혼란스러울 때가 있다. 우리 아이들도 마찬가지일 것이다. 그런데 우리 안에 다양한 내가 있는 것이 자연스럽다는 것을 알게 되면 나를 수용하기가 더 쉬워진다.

'소인격체 클리닉'이라고 알려진 내면 가족 시스템 치유 모델 Internal Family Systems Therapy:IFS은 우리 내면에 다양한 소인격(부분들)이 존재하며, 이 부분들을 총괄하는 지혜로운 자아를 개발하면 다양한 자아를 조화롭게 쓸 수 있다고 설명한다. 《참자아가 이끄는 소인격체 클리닉》(시그마프레스)의 저자 톰 홈즈Tom Holmes와 로리 홈즈Lauri Holmes는 우리가 마음챙김을 훈련하면 부분을 총괄하는

'참자아'가 마치 오케스트라의 지휘자와 같은 역할을 잘할 수 있는 리더십을 키우게 된다고 말한다.

Practice 내 안에 존재하는 다양한 나를 생각해보기

아이와 함께 내 안에는 어떤 나의 부분의 모습들(소인격)이 있는지 생각해보자. 예를 들어 '짜증 내는 나'라는 부분을 이야기했다면 평소에 언제 그런 모습을 발견하게 되는지 이야기를 나누어보자.

내 안에는 다양한 내가 존재할 수 있음을 알려주고 그것들도 모두 나의 일부이니 평소에 나타나면 미워하거나 밀어내지 말고 인정할 수 있도록 도와주자. 예를 들어 '게으른 나'의 모습을 발견했을 때 이를 밀어내지 말고 '안녕, 오늘은 네가 활동적이구나.'라고 마음속으로 인사를 나누도록 해보자.

이 활동은 아이들이 자신에 대해 너무 엄격하거나 비판적이지 않고, 단점이라고 생각하는 부분들도 포용하여 자신을 온전히 수용할 수 있도록 도와준다.

Practice 내가 원하는 마음속 지휘자의 모습 생각해보기

다음에 나오는 그림 예시를 보여주며 스스로 생각하는 '현명한 나'의 모습을 찾아보고, 그중에서 내 마음의 중심에 자리 잡고 지휘자의 역할을 했으면 하는 나에 대해 아이와 이야기를 나누어보자.

'지혜로운 나야, 지금 상황에서 내가 어떻게 하면 좋을까?'

마음이 불편할 때 내가 나에게 자주 하는 질문이다. 이는 내 안에 있는 지혜로운 나에게 도움을 요청하는 방법인데, 감정에 휩싸이는 상황에서 이런 질문을 하는 것만으로도 스스로를 잠시 문제와 떨어져서 볼 수 있게 해준다. 그리고 내 안에 문제를 스스로 해결할 힘이 있다는 것을 다시 한번 인지시켜준다.

아이들과 함께 '현명한 나'의 모습을 찾아보는 활동을 하고 나서 마음이 힘들 때는 언제든 내 안에 지휘자 역할을 하는 현명한 나를 불러내어 도움을 요청할 수 있다고 알려주자. 자기 내면에 문제를 해결할 수 있는 훌륭한 내가 있다는 사실을 아는 것만으로도 아이들은 자신감과 통제력을 갖게 된다.

교육의 최종 목적은
웰빙(Well-Being)이다

위기로 행복을 다시 돌아보다

코로나19라는 위기는 우리에게 정말 소중한 것이 무엇인가에 대해 성찰할 수 있는 기회를 주었다. '노를 젓다 놓쳤더니 주변을 돌아보게 되었다.'는 어느 시의 구절처럼, 삶을 위협하는 위기 덕분에 우리 삶에서 궁극적으로 가장 중요한 게 무엇인지 깊이 생각해보게 되었다.

"코로나19 사태를 경험하는 것이 나에게 준 +는 무엇이고 -는 무엇인가요?"

일전에 진행했던 교육에서 사람들에게 이렇게 +(긍정적인 측면)와 -(부정적인 측면)를 써보도록 했다. 많은 사람들이 이 활동을 하고 나서 "+와 -를 동시에 생각해보니 실제로 +도 꽤 많았다는 것을 알게 되었어요." 하고 답하였다. 사람들이 써낸 +의 내용을 살펴보면 다음과 같다.

- 코로나로 시간의 여유가 생기다 보니 나의 내면에 집중할 수 있는 시간이 생겼다.
- 그동안 돌보지 못했던 일상을 돌보며 나 자신과 가족에게 신경 쓰게 되었다.
- 일의 가짓수와 불필요한 미팅을 줄이면서 진짜 하고 싶은 일에 선택과 집중을 하게 되었다.

사회적 거리 두기로 삶이 좀 더 단순해지고 강제적인 멈춤, 혹은 휴식이 생기면서 자기만의 시간이나 가족들과의 시간을 많이 갖게 된 것이 긍정적으로 작용했다는 것이다. 실제로 내 주변에도 강제적으로 집에서 보내는 시간이 많아지면서 평소에 하고 싶었던 취미 생활을 시작한 지인들이 많다.

이러한 라이프사이클의 변화와 관련해서 아주대 심리학과 김경일 교수는 《코로나 사피엔스》(인플루엔셜)라는 책을 통해 코로나19

가 사람들의 행복의 척도를 바꾸어 놓았다고 이야기한다. 코로나19 사태 이전에는 많은 사람이 사회에서 원하는 원트want를 쫓으며 살았다면, 이번 사태를 겪으면서 혼자만의 시간을 갖게 된 사람들이 자신이 진짜 좋아하는 라이크like에 더 민감해졌다는 것이다. 사회의 기준에 맞추어진 원트가 아닌 자신이 진짜 원하는 라이크를 통한 만족감은 '지혜로운 만족감'인데, 앞으로는 '지혜로운 만족감'을 통해 '적정한 행복'을 누릴 힘이 경쟁력이 된다고 김경일 교수는 설명한다.

삶의 파도가 거세질수록 우리의 행복에 대한 갈망도 더 강해진다. 그런데 파도가 그치고 날이 개고 햇볕이 쨍하게 비치는 날만을 기다리며 행복을 미룰 수는 없다. 예상치 못한 위기와 변화가 잦은 시대에 살아가는 사람들에게 정말 필요한 지혜는 주어진 상황 속에서 자신의 적정한 행복 상태를 스스로 만들어가는 힘이다. 우리 아이들도 그 힘을 키워야 한다.

교육의 최종 목적은 결국 웰빙이다

'학생들이 21세기 세계를 잘 살아갈 수 있도록 준비시키려면 무엇을 가르쳐야 할까?'

이러한 문제의식을 느끼고 경제협력개발기구OECD는 1997년부터 DeSeCo(Defining and Selecting Key Competencies) 프로젝트를 통해 학생들을 위한 미래 핵심 역량을 도출하는 연구를 진행해왔다. 현재는 2015년 DeSeCo 프로젝트의 2.0 버전으로 볼 수 있는 'OECD 교육 2030' 프로젝트를 진행하고 있는데, 1단계 연구는 2015년부터 2019년까지 진행되었고, 2019년 이후 2단계 연구가 진행 중이다. DeSeCo 프로젝트와 OECD 교육 2030 프로젝트를 비교해보면 흥미로운 점을 발견할 수 있는데, 바로 달라진 역량 개발 목표이다.

DeSeCo 프로젝트에서는 역량 개발의 목표를 개인과 사회의 성공에 두었지만, 현재 진행 중인 OECD 교육 2030 프로젝트에서는 역량 개발의 목표를 개인과 사회의 웰빙에 두고 있다.

OECD 학습 프레임워크는 교육의 지향점을 '웰빙Well-Being'으로 잡고 'OECD 학습 나침반 2030'이라는 이름으로 이 목표에 도달하기 위해 학생들이 기르고 활용해야 하는 역량과 지식, 기능, 태도, 가치를 제시하고 있다.《OECD LEARNING COMPASS 2030》보고서에 따르면 교육의 목표로서 웰빙은 경제적, 물질적인 풍요로움을 넘어서 삶의 질Quality of Life, 일과 삶의 균형Work-Life Balance, 교육, 안전, 삶의 만족도, 건강 등을 포괄하는 개념이다.

역량 개발의 목표를 웰빙에 둔다는 점과 함께 OECD 교육 2030 프로젝트에서 또 한 가지 눈여겨볼 점은 바로 '변혁적 역량 Transformative Competency'을 강조한다는 점이다. 변혁적이라는 말에서도 유추할 수 있듯이 이제 아이들에게 삶을 더 나은 방향으로 능동적으로 변화시킬 힘을 길러주는 것이 필요하다는 것이다. 그래서 변혁적 역량을 기르는 데 있어서 가장 중요하다고 보는 것이 바로 '학생 주도성Student Agency'이다. OECD 교육 2030 프로젝트에서는 학생들이 변혁적 역량을 키워 개인과 사회의 웰빙을 만들어 가도록 돕기 위해서는 무엇보다 학생들의 주도성을 키우는 교육이 중요하다는 것을 강조하고 있다.

자녀의 웰빙에 더욱더 가치를 두자

우리는 교육을 하면서 종종 목표와 수단을 혼동한다. 비판적 사고, 창의력, 디지털 리터러시, 협업력, 수리력 등 이러한 능력 자체를 키워주는 것이 교육의 목표일까, 아니면 이 능력을 키워 아이들이 자신의 삶에 지혜롭게 활용하도록 하는 것이 목표일까? 무언가를 가르칠 때 그것을 통해 아이들이 어떤 삶을 살기를 원하는지에 대해서 생각해야 한다. 역량 자체를 키워주는 것이 교육의 최종 목표가 되는 것이 아니라, 그 역량을 가지고 지혜롭게 삶을 살아가도록 하는 것이 교육의 최종 목표가 되어야 한다.

《지식은 과거지만 지혜는 미래다》(이룸북)의 저자 숀 스틸Sean Steal은 학생으로서 열심히 배우고 학교생활에 최선을 다하면 행복하게 잘 사는 방법을 알 수 있으리라 생각했으나 이후 평생 교육에 관해 공부하면서 한 사람이 평생토록 아무리 많은 지식을 쌓아도 지혜로운 사람이 되기에는 역부족이며, 잘 살 수 있는 능력을 갖추지 못한다는 사실을 깨달았다고 고백한 바 있다.

이 글을 읽는 독자들도 비슷한 성찰을 해보았을 것이라 생각한다. 학창 시절에 열심히 지식을 쌓았는데 막상 성인이 되어 보니 삶에서 필요한 지혜가 내가 가진 지식에서는 찾을 수 없을 경우를 발견하곤 한다. 지식보다 지혜가 중요하다는 사실, 지혜가 있어야 삶의 행복을 만들어갈 수 있다는 사실은 성인이 되어 깨닫기에는 너무 중요한 삶의 진리이다.

이제 교육은 아이들이 어릴 때부터 지혜로운 삶을 살 수 있는 기술을 키워나갈 수 있도록 도와야 한다. 아이들이 성공보다는 웰빙이나 행복에 삶의 목표를 두고 살아갈 수 있도록, 무엇보다 자신의 웰빙은 스스로 지키고 만들어나간다는 생각을 하도록 도와야 한다. 외부에서의 끊임없는 자극과 도전을 받으면서도 자신의 웰빙을 지킬 수 있는 전략을 스스로 만들어나가야 한다.

TOG ETH ER

Chapter 4

더불어 사는
능력을 키워라

사회적 거리 두기로
제한된 관계의 기회

뇌가 폭발적으로 성장하는 시기에는 사회적인 자극이 필수이다. 그
런데 코로나19로 사회적 거리 두기가 오래도록 요구되면서 아이들
에게 큰 영향을 미치고 있다. 온라인 학습이 학습의 영역을 어느 정
도 대체할 수 있겠지만 아이들의 건강한 성장에 필요한 사회적 상호
작용을 대체하는 데는 무리가 있기 때문이다. 사회적 거리 두기 및
격리가 지속되는 것이 아이들의 뇌에 어떤 영향을 미치고 있을까?

기초과학연구원Institute for Basic Science : IBS에서 발간하는《코

로나19 과학 리포트》의 '사회적 거리 두기와 코로나 블루' 편에서는 사회적 결핍이 어떻게 뇌 구조를 변화시키는지를 자세히 다룬다. 이 보고서는 외로움을 자각하는 정도가 클수록 감정과 지각의 중추인 뇌 좌측 편도체와 회색질의 부피가 작아진다는 연구 결과를 소개하면서, 지속적인 외로움은 뇌의 구조를 변화시키고 정서적 사회적 장애를 만든다고 설명한다. 코로나19로 모든 것이 비대면으로 대체되고 있는데 그것이 대면에서의 '관계 맺기'를 대체할 수 있을까? 보고서에서 이은이 교수는 '관계 맺기'는 어떠한 온라인 혹은 전자기기로도 대체되기 어렵다고 지적한다.

"관계란 뇌가 복합적 활동을 펼친 결과물이다. 상대방과 대화할 때 뇌는 시각과 청각뿐만 아니라 후각과 촉각까지 사용하며 내적 감정 상태, 기억회로를 동원한다. 상대의 표정, 손짓, 태도 등 비언어적 정보를 파악하는 동시에 실시간으로 언어까지 사용한다. 이 모든 작업을 위해 복잡한 뇌 회로가 동시에 쓰인다."

이렇게 복잡한 뇌 회로를 사용하면서 뇌가 발달하기 때문에 사회적 경험은 아이들의 뇌 발달에서 매우 중요하다. 학교에서 선생님과의 상호작용, 친구들과의 다양한 관계적 상황에서 접하는 다양한 자극을 통해 뇌가 발달하는데, 사회적 거리 두기가 계속되는 상황에서는 새로운 자극의 기회가 계속 줄어들고 있다.

이런 상황에서 어떻게 아이들이 관계와 소통의 능력을 키울 기회를 가질 수 있을지 부모들의 고민은 더 깊어진다. 그러나 더불어 사는 능력은 하루아침에 키울 수 있는 능력이 아니므로 장기적 관점에서 생각해야 하며, 필요한 외부의 도움을 받아야겠지만 먼저 부모들이 이 힘을 키우는 데 어떻게 좋은 파트너가 될 수 있을지 고민해야 한다.

더 중요해지는
협업의 기술

사회가 복잡해지고 예상치 못한 문제가 더 빈번하게 발생할수록 협업의 가치는 더욱더 높아진다. 복잡한 문제들을 혼자 풀어나가기 어렵기 때문이다. 이번 코로나19 사태에서도 확인했듯이 협력체계가 구축되고 그 체계 속에서 긴밀한 소통과 협업이 이루어질수록 위기 상황을 헤쳐나가기 쉬워진다. 비단 코로나19 사태가 아니더라도 앞으로 미래 사회에 있어 소통과 협업 능력의 중요성은 여러 학자들에 의해 예견되어 왔다. 그러니 자녀뿐만 아니라 부모들도 협업 능력을 키우는 데 주저함이 없어야 한다.

협업의 가치를 믿어야
협업을 잘한다

《협업의 시대》(보랏빛소)는 혁신적 아이디어의 발산지로 알려진 실리콘 밸리의 협업 방식을 다루고 있다. 저자 테아 싱어 스피처Thea Singer Spitzer 박사에 따르면 협업을 중요하게 생각하는 사람들은 다음과 같은 핵심 믿음을 가지고 있다고 한다.

핵심 믿음	설명
타인의 도움이 필요한 프로젝트가 있다.	혼자서는 해결하기 어려운 일이 있고, 때로는 시간이 부족한 경우도 있으므로 다른 사람과 협업이 필요하다.
함께 성공을 거둘 경우 혼자서 일할 때와는 다른 성취감을 느낄 수 있다.	다른 사람과 함께 협업하면 혼자서 무언가를 성취할 때와는 다른, 더 깊은 성취감을 느낄 수 있다.
협업의 주요 장점 중 하나는 타인에게서 배울 기회를 얻을 수 있다는 점이다.	다른 사람과 함께 일하는 것이 시간이 더 걸리고 어렵지만 그럴만한 가치가 있다.
지식을 서로 나눌 수 있다. 내 지식을 타인과 공유하는 것은 기쁜 일이다.	협업하면서 우리는 내가 아는 것을 타인에게 가르쳐줄 기회를 얻는다.
협업은 네트워킹이다.	다른 사람과 일하며 관계를 구축하면 네트워킹이 확장된다.

평소에 협업을 많이 하는 지인들과 이 책을 함께 읽고 이야기를 나누어보았는데 위의 핵심 믿음에 대해 모두 깊이 공감했다.

우리는 협업과 관련해서 구체적인 '기술'에 대해 많이 이야기한다. 그 기술이란 다른 사람의 의견에 귀를 기울이고, 자신의 의견을 부드럽지만 확실하게 전달하고, 공동의 목표에 대해 정확하게 인지하고, 자신의 역할을 책임감 있게 수행하는 것 등이다. 그런데 사실 이러한 기술은 협업하겠다는 마음을 먹고 난 다음에 필요한 것이다. 기술보다 중요한 것은 앞에서 소개한 핵심 믿음과 같은 협업의 가치에 대해 믿는 것이다.

그렇다면 사람들은 어떻게 협업에 대한 믿음 혹은 가치를 품게 되는 것일까? 그것은 다름 아닌 긍정적 협업 경험이다. 팀 과제를 끔찍하게 싫어하는 대학생들을 만나 이야기를 나누어보면 대부분의 학생이 팀 과제에 대해 부정적인 경험이 있었다. 혼자서 일을 다 도맡아 했다거나, 열심히 안 하는 팀원을 만나 고생했다거나, 본인은 열심히 했지만 성적을 못 받았다거나 하는 경험이 그들로 하여금 협력하는 일을 회피하게 만든다. 결국 협업을 잘하기 위해서는 긍정적인 경험을 통해 협업의 가치를 스스로 느낄 수 있어야 한다.

긍정적 협업 경험을 많이 만들어주어라

아이들이 학교에서 긍정적인 협업 경험을 많이 하는 것이 가장 이상

적이겠지만, 지금처럼 상황이 여의치 않을 때는 부모들이 적극적으로 그 기회를 만들어주는 것이 좋다. 가장 쉽게 할 수 있는 방법은 가족들 간 협업하는 기회를 가지는 것이다.

일명 '패밀리 프로젝트'로 가족들이 한 가지 프로젝트를 함께 해보는 것도 좋다. 예를 들어 '가족 여행 프로젝트'를 세워 여행 목적지와 여행을 위한 가족 공동의 목표를 정하고, 각 가족이 가지고 있는 장점을 살릴 수 있게 역할 분담을 하고, 함께 진행 상황을 계속 논의하면서 원하는 목표를 달성하는 경험을 해보는 것이다.

관심사가 비슷한 또래 아이들과 함께 할 수 있는 프로젝트 학습 기회를 만들어주는 것도 좋다. 협업에 대해 긍정적인 경험을 쌓지 못하는 이유 중 하나는 관심 없고 하기 싫은 일을 억지로 함께 해야 하는 상황에 자주 놓였기 때문이다. 강요가 아니라 자신이 하고 싶은 프로젝트를 관심사가 비슷한 아이들과 함께 하는 경험을 통해 아이들은 자연스럽게 협업하고자 하는 열정을 키우게 될 것이다. 그러니 자율적으로 각 구성원이 열정적으로 참여하는 협업 활동을 경험할 수 있도록 우리 아이의 관심사나 재능에 맞는 프로젝트형 수업 기회를 찾아보자. 최근에는 온라인으로 이런 프로젝트 학습을 제공하는 프로그램도 많아지고 있으니 기회는 얼마든지 만들 수 있다.

시야가 넓어지면 마음도 넓어진다

협업을 하다 보면 가장 어려운 게 타인의 다름을 인정하고 공감하는 것이다. '다르다'는 것은 협업을 어렵게 하는 요인이기도 하지만 협업을 성공적으로 만드는 동력이기도 하다. 공감하는 힘은 협업에 있어 핵심적인 능력인데,《공감하는 능력》(로먼 크르즈나릭, 더퀘스트)에서 소개하듯 공감을 하기 위해서는 '자신의 관심사가 다른 모든 사람의 관심사가 아니며, 자신의 필요사항이 다른 모든 사람의 필요사항이 아니다'라는 사실을 매 순간 깨달아야 한다.

그런데 이런 인지를 하려면 먼저 내가 타인을 만나는 경험을 통해 '사람들은 정말 모두 다르다'라는 사실을 받아들일 수 있어야 한다. 그리고 낯선 사람을 경계하기보다는 호기심을 가져야 한다. 타인들이 자신과는 다른 취향, 욕구, 관심, 경험, 가치 등을 가지고 있다는 것을 알게 되면 타인을 바라보는 시각이 넓어진다. 그리고 그 넓어진 시각만큼 타인을 수용하는 힘도 커진다.

그렇다면 코로나19로 다른 사람을 만날 기회를 놓쳐버린 아이들에게 어떻게 사람의 다양성, 삶의 다양성에 대한 시각을 넓혀줄 수 있을까? 아이들은 커가면서 다양한 삶의 경험 속에서 스스로 이런 시각을 넓혀가겠지만 조금 더 의도적으로 이런 기회를 만들어주고 싶다면 가장 손쉽게 할 수 있는 방법이 '책 읽기'이다. 다양성을 직접 경험하기에는 한계가 있지만, 책을 통해 만나는 다양성의 넓이와 깊이에는 한계가 없다.

책을 읽어야 하는 이유에는 여러 가지가 있다. 그러나 나는 책을 읽음으로써 간접 경험을 통해 시각을 넓혀주고 그것을 통해 '공감

회로'를 많이 써보게 하는 것에 중요한 가치를 두고 싶다. 생각, 환경, 가치, 배경 등의 '다름'을 간접 경험할 수 있는 책을 아이들이 많이 읽을 수 있도록 하자. 초등학생 학부모라면 이런 책들을 함께 읽으면서 어떤 다름을 경험했는지, 그리고 그것을 통해 무엇을 깨닫게 되었는지 이야기를 나누는 시간을 가지는 것도 좋다.

아이와 함께 엄선한 다큐멘터리나 방송 프로그램을 보면서 이야기를 나누는 것도 시야를 넓히고 지식을 확장하며 소통할 수 있는 방법이다. 요즘은 유튜브에서도 얼마든지 좋은 영상 콘텐츠를 찾을 수 있으니 다양한 경험을 할 수 있는 콘텐츠를 골라 소통하며 공감하는 시간을 가져보자.

적극적으로 가르쳐야 하는
관계에서의 경계

교육과정에서도 강조되는
관계 맺기 기술

사회 구성원으로서 타인과 관계를 맺는 기술은 아이들이 키워야 할 핵심적인 삶의 기술이다. 사회적 거리 두기와 비대면 수업 등으로 만나서 관계를 맺는 기회가 줄어들수록 우리는 이 핵심 기술을 어떻게 가르쳐줄 수 있을지에 대해서 더 많은 고민을 해야 한다.

영국에서는 2020년 9월부터 '관계 교육Relationships Education:RSE'

이 학교 교육과정의 필수교과로 도입된다. 영국 교육부에서 제공하는 RSE 교육과정에 대한 리포트에 따르면 '복잡한 시대에 살아가는 오늘날의 아이들이 건강하고 안전한 삶을 살고 관계를 긍정적으로 관리할 수 있어야 하는 것이 중요해져서' 관계 교육을 의무 교육으로 지정하게 되었다고 설명한다.

영국의 관계 교육에서는 친구, 가족, 그리고 그외의 사람들과 긍정인 관계를 맺는 구체적인 방법에 대해서 다루는데, 초등학교의 경우 구체적으로는 관계를 소중히 다루기Caring Friendships, 존중하는 관계Respectful Relationships, 온라인 관계Online Relationships, 안전하기Being Safe, 어려운 질문에 대응하기Managing Difficult Questions, 성교육Sex Education 등을 다룬다.

영국 교육부에서 제공하는 RSE 교육 과정에 대한 내용을 살펴보면서 흥미로웠던 점은 개인 공간personal space과 경계boundary에 대해서 다루고 있다는 점이었다. 각 개인은 자신만의 개인적인 공간을 가지고 있다는 점을 어릴 때부터 이해하는 것이 중요하다고 강조하며 자신의 경계와 타인의 경계에 대해 이해하고, 관계에서 적절한 경계를 지키는 것이 중요하다는 것을 다룬다. 또한 친구나 동료 혹은 어른과의 관계에서 허락permission을 구하는 것과 허락을 주는 것의 중요성에 관해서도 이야기한다.

관계에 있어서 많은 문제는 타인이 나의 경계 안으로 무례하게 들어오거나, 내가 타인의 경계에 허락을 구하지 않고 들어간 경우에 발생한다. 가볍게는 타인이 나의 물건을 함부로 사용하려고 하는 것부터 무겁게는 나의 신체에 허락 없이 접촉하려는 것까지, 관계의 문제는 늘 경계의 문제와 맞닿아있다. 왜 이렇게 관계에서 힘들까, 혹은 피곤할까를 생각해보면 타인이 내가 생각하는 경계를 아무렇지 않게 넘거나 허락을 구하지 않았기 때문이다. 그런 의미에서 부모들이 어릴 때부터 아이에게 자신의 경계를 이해하고, 나와 다른 경계를 가진 타인을 존중하고, 경계를 넘을 때는 허락을 구해야 함을 알려주어야 한다.

자신의 경계(boundary)를 발견할 수 있도록 하자

아이들은 종종 친구 관계에서 상처받은 이야기를 집에 와서 부모에게 하소연한다. 그때 그냥 "괜찮니?" 혹은 "그 친구가 나쁘네!" 하고 반응하기보다는 어떤 점에서 상처를 받았는지 물어보자. 그리고 "그 친구가 기분 나쁜 말을 했어/나를 화나게 했어/무례하게 행동했어." 등의 이야기를 할 때 아이에게 구체적으로 다음과 같은 질문을 던져보자. 그러면 아이가 스스로 관계에 있어서 중요하게 생각하는 가치와 아이가 관계에서 민감해하는 부분이 무엇인지 생각해볼 수 있게 해준다.

"다른 사람이 너한테 어떻게 할 때 기분이 나쁘니?"

"네가 관계에서 중요하게 생각하는 기준은 뭐니?"

"다른 사람이 넘지 말았으면 하는 경계선이 있다면 그게 뭘까?"

"다른 사람이 그 경계선을 넘었을 때 어떻게 불편함을 표현할수 있을까?"

이 질문에 대한 답을 생각하면서 아이 스스로 내가 지키고 싶은나의 영역과 그 영역의 경계를 구체적으로 그려보도록 하자. 또한 다른 사람이 나의 경계를 넘거나 넘으려고 할 때 어떻게 자신의 불편함을 건강하게 표현할 수 있을지도 함께 생각해보자.

가족 간에도 허락을 구하는 문화를 만들자

관계 맺기에서 가장 중요한 인식은 '서로 다름'에 대한 인식이다. 나에게는 아무렇지도 않은 행동이 다른 사람에게는 불편할 수도 있다는 것을 어릴 때부터 배워야 한다.

가족 안에서도 구성원마다 서로 경계가 다를 수 있지만 가족이라는 이름으로 같은 경계에 따르도록 강요받는 경우가 있다. 예를 들어 아이 방에 노크하지 않고 들어갔을 때 아이가 "엄마, 노크 좀 하고 들어오세요." 하면 "가족끼리 어때!" 하는 경우처럼 말이다. 그러나 어린아이에게도 자기만의 공간이 있고 다른 사람들이 넘어오지 않았으면 좋겠다는 경계가 있다. 아이가 여럿이라면 아이마다 그 경계가 조금씩 다를 것이다. 가족끼리는 보통 그 선에 대해서 공식적으로 짚고 넘어가지 않기 때문에 '이 정도면 괜찮겠지.'라고 생각하기 쉽고, 그런 상황에서 종종 갈등이 생긴다.

그런 의미에서 가족 간에 좋은 관계 맺기를 하려면 서로 넘지 말아야 할 선을 지켜주어야 한다. 가족들과 함께 자신의 경계에 대해서 터놓고 이야기하여 서로의 경계를 이해하고, 필요한 경우에는 '허락을 구하는 문화'를 만들어보자. 이런 가족 문화를 경험한 아이들은 사회에 나가서도 다른 사람의 경계를 인정하고 존중하는 태도를 보이게 될 것이다.

사회적으로 적절한 기준에 대해서 알려주자

자신의 경계를 아는 것만큼 중요한 것이 상황에 따라 조금 융통성 있게 그 경계의 수위를 조절하는 것이다. 얼마나 친밀한지, 신뢰할 수 있는지, 혹은 얼마나 공식적인 관계인지에 따라 나의 경계를 융통성 있게 활용할 수 있어야 한다.

친밀한 관계에서 너무 빗장을 단단하게 채우거나, 공식적인 관계에서 너무 빗장을 풀거나 해서는 곤란하다. 아이들은 성장 과정에서 다양한 상황을 만나면서 어떤 상황에서 어느 정도의 경계가 적절한

지에 대한 기준을 스스로 만들어나가게 된다. 그 과정에서 개인적이지만 사회적으로 용납되는, 혹은 적절하다고 여겨지는 경계 기준에 대해서 알아야 한다. 다른 사람과 함께 어울려 살아가기 위해, 사회 구성원으로 살아가기 위해서는 개인의 경계와 사회의 경계 사이에서 조화를 만들어내는 것이 필요하다.

코로나19가 확산하자 신체적 접촉을 하는 것이 지양되었다. 이러한 경우에는 친밀한 관계든 친밀하지 않은 관계든 악수나 포옹과 같은 신체적 접촉을 하지 않는 것이 사회적으로 따라야 하는 일종의 약속이다. 코로나 이전에는 친밀함을 표현하기 위해 악수를 하거나 몸을 맞닿았더라도 사회적 약속이 새롭게 정해졌다면 그것을 따라야 한다. 그러한 약속에 대해 민감하지 못하면 아이 역시 학교에 가서 친구에게 신체적인 접촉을 한다거나 너무 가까이에서 대화를 하는 등 이전에는 정상적이었지만 현 상황에서는 타인에게 위험하게 여겨질 수 있는 행동을 할 수도 있다. 이런 사회적 기준에 대해서는 부모들이 아이들에게 명확하게 모범을 보이고 안내해주어야 한다.

더불어 사는
시민 의식을 키워주자

코로나19를 경험하면서 자녀와 함께 뉴스를 보는 시간, 사회에서 일어나는 여러 가지 일들에 관해 이야기를 나누는 시간이 좀 더 많아졌을 것이다. 이러한 시간은 아이들에게 시민 의식에 대해 가르쳐 줄 수 있는 좋은 기회이다.

이번 코로나19 팬데믹을 통해 우리는 개인의 시민 의식이 우리 사회 전체의 안녕에 얼마나 큰 영향을 미치는지를 가까이에서 지켜보았다. 개인이나 혹은 어떤 기관이 사회적 거리 두기 규칙을 얼마나 잘 지키는지가 바로 전체 확진자 수의 증감에 영향을 미쳤고, 그

것이 초래한 결과를 모든 사람이 짊어지게 되었다. 우리 사회는 점점 더 상호의존성이 높아지고 있고, 그럴수록 더 수준 높은 시민 의식을 요구한다. 자녀가 사회의 구성원으로서 더불어 살아가는 능력을 잘 키워나가도록 도와주는 것은 부모가 해야 할 중요한 책임 중 하나이다.

상호의존성을 인식하게 하자

중국 우한에서 생긴 바이러스가 거의 3개월 만에 전 세계 대부분 지역으로 깊숙이 퍼져나갔다. 다른 나라에서 일어나는 일이 우리의 삶에 좋은 방식으로든 나쁜 방식으로든 직접적인 영향을 미친다는 사실을 목격하면서 내가 하는 행동이 내가 모르는 많은 사람의 삶에 영향을 줄 수 있다는 사실을 깨닫게 되었다. 그리고 그동안 우리가 생각해왔던 '우리'의 범위가 엄청나게 크게 확장되었다. 우리 가족, 우리 지역을 넘어 전국, 그리고 전 세계의 나라들이 모두 촘촘하게 연결된 큰 '우리'임을 실감하게 되었다.

이번 일을 계기 삼아 아이와 함께 우리의 삶이 다른 사람들의 삶과 어떻게 긴밀하게 연결되어 있는지에 관해 이야기를 나누어 보면서 좋은 시민이 된다는 것이 어떤 의미인지 생각해보자.

- 내 삶은 누구와 어떻게 연결되어 있을까?

- 민주 시민이 된다는 것은 어떤 의미일까?

- 코로나19 사태 때 높은 시민 의식을 가진 사람들은 어떻게 다르게 행동했을까?

- 내가 평소에 하는 행동 중에 시민 의식을 보여주는 행동은 무엇일까?

감사하는 마음을 갖도록 하자

코로나19를 경험하면서 지금까지의 편안한 일상이 많은 사람의 노력과 희생으로 인한 결과라는 것을 깊이 느끼게 되었다. 국가 재난 상황을 해결하기 위해 애쓰는 사람들, 환자들을 치료하는 의료진들, 그리고 사회 곳곳에서 보이지 않게 도움을 주는 사람들 덕분에 여러 문제를 해결할 수 있었고 예방할 수 있었다. 자녀가 시민 의식을 갖도록 돕기 위해서는 이렇게 우리 삶에 도움을 주는 손을 볼 수 있게 해주고, 그들에게 감사한 마음을 가질 수 있도록 해야 한다.

이와 함께 자녀가 사회의 불평등에 대해서도 생각해볼 수 있도록 하자. 이번 코로나19로 어쩔 수 없이 우리 사회가 가진 다양한 불평등의 민낯이 드러났다. 다른 아이들처럼 집에서 온라인 학습을 할 수 있는 학습 환경이 주어지지 않아 학교가 닫으면 학습 기회를 놓치는 아이들도 있고, 우리가 쉽게 구할 수 있는 마스크를 구하지 못하는 사람도 있고, 병에 걸려도 치료를 받을 수 없는 사람들이 있다는 사실을 알려주자. 사회적 불평등과 같은 까다로운 주제에 대해 자녀와 이야기를 나누는 것을 불편하게 생각하여 피하는 부모들이 있다. 그러나 삶의 좋은 모습만을 자녀에게 보여주겠다는 태도는 자녀의 건강한 시민 의식을 형성하는 데 도움이 되지 않는다. 자녀가 사회의 문제를 볼 수 있는 눈을 가져야 그것을 해결하고자 하는 관심을 가지고 노력하는 민주 시민이 될 수 있다는 것을 잊지 말자.

사회적 책임감을 느끼도록 하자

삶의 상호의존성을 더 깊게 깨달을수록 우리는 좀 더 강한 사회적 책임감을 느끼게 된다. 개인행동의 결과가 넓게 영향을 미친다는 것을 알기 때문에 사회적 규칙을 지키거나 시민으로서 책임을 다하는 데 더 적극적으로 된다. 미국 몬타나 주립대 심리학과 벤자민 우스터호프Benjamin Oosterhof 교수팀은 코로나19 시대 청소년들이 과연 어떤 동기를 가지고 사회적 거리 두기에 참여하는지 연구했다. 그 결과에 따르면 청소년들이 사회적 거리 두기에 참여하는 동기로 크게 다음의 5가지 이유를 꼽았다.

1 사회적 책임감

2 병에 걸리거나 다른 사람을 병에 걸리게 하고 싶지 않음

3 국가의 규칙이나 부모의 말을 준수

4 친구들이 하니까

5 다른 대안이 없으니까

그런데 흥미로운 점은 사회적 책임감과 관련된 1번과 2번의 동기를 가지고 있는 아이들이 사회적 거리 두기에 더 적극적으로 참여했다는 사실이다.

팬데믹 상황에서 우리는 나보다 우리를 먼저 생각하는 행동을 선택해야만 했다. 불편했지만 사회적 거리 두기를 실천해야 했고, 손해를 보면서도 가게를 닫아야 했고, 사회의 안전을 위해 내가 원하는 것을 과감하게 포기해야만 했다.

공공의 안녕을 위해 나보다 우리를 먼저 생각하는 행동은 아이들이 그냥 자연스럽게 습득하는 능력은 아니다. 학교에서 선생님이 알려주겠거니 생각하고 다른 곳에 교육을 위임해서도 안 된다. 사회적 책임을 다하는 시민으로 자녀를 키우는 것은 부모가 실천해야 할 중요한 사회적 책임이다. 그러니 아이들과 왜 사회적 규칙을 지키는 것이 필요한지, 그 규칙을 지키지 않았을 때 어떤 결과를 초래할지에 대해 이야기를 나누어보자.

DIGI
TAL

Chapter 5

디지털 리러려시를
강화하라

디지털 네이티브를
이해하라

'디지털 네이티브Digital Native'는 교육학자이자 미래학자인 마크 프렌스키Marc Prensky가 2001년 그의 논문에서 처음 소개한 용어이다. 디지털 네이티브는 대략 1980년 이후 태어난 세대를 지칭하는데, 이들은 태어날 때부터 개인 컴퓨터, 인터넷, 휴대전화 등을 보편적으로 활용하는 디지털 세상에서 성장해왔다. 빠른 기술의 성장을 함께해온 이 세대들은 이전 세대가 경험하지 못한 방식으로 세상과 자신을 연결한다. 인터넷이 없던 시대, 컴퓨터가 없던 시대를 알지 못하는 이들은 태어날 때부터 디지털 시대에 살아왔던 '디지털 원주민'이다.

반면 우리 부모들은 살다 보니 디지털 시대로 이주하게 된 '디지털 이주민'이다. 디지털 이주민인 부모 세대에게 휴대전화는 그냥 디지털 '도구'일 뿐이지만, 디지털 원주민인 아이들에게는 그것이 자신이 살아가는 '환경' 그 자체이다. 지금 디지털 원주민과 이주민은 같은 시대에 살고 있지만 이들의 격차는 매우 크다. 이와 관련해서 마크 프렌스키는 교육이 맞닥뜨린 가장 큰 문제가 '교사가 시대에 뒤처진 디지털 이전 시대의 언어를 가지고 거의 완전한 디지털 언어를 사용하는 아이들을 가르치려고 하는 것'이라 말한다.

교사뿐만 아니라 부모도 그렇다. 디지털 네이티브인 아이들은 부모들과는 다른 방식으로 공부하고, 상호작용한다. 공부하다 궁금한 게 있으면 유튜브를 찾아보고, 전화보다는 카톡이나 메신저, DM Direct Message으로 친구들과 이야기를 나눈다. 음악도 온라인에서 듣고, 뉴스도 SNS나 포털사이트 등을 통해 읽는다. 이런 아이들을 좀 더 자세히 이해하기 위해 먼저 디지털 네이티브의 특징을 구체적으로 살펴보자.

디지털 네이티브의 특징을 알자

《그들이 위험하다-왜 하버드는 디지털 세대를 걱정하는가》(존 팰프

리·우르스 가서, 갤리온)에서 소개하고 있는 디지털 네이티브의 특징을
정리하면 다음과 같다.

1 디지털 공간에서 많은 시간을 보낸다.

2 여러 작업을 동시에 하는 경향이 있다.

3 디지털 기술을 매개로 자신을 표현한다.

4 디지털 세계에서 많은 사람과 연결을 맺고 협력한다.

5 디지털 기술을 이용하여 정보에 접근하고, 기존 정보를 재가공한다.

6 디지털 기술을 이용하여 새로운 지식과 예술 형태를 창조한다.

7 디지털 기술을 활용한 참신한 비즈니스 모델을 만든다.

1번과 2번 특징의 경우 현재 많은 부모의 걱정거리 혹은 불만거
리이지만, 다른 특징들은 디지털 네이티브 입장에서는 새로운 기
회이다. 디지털 기술은 그들이 좀 더 적극적이고 창의적인 방식으
로 자신을 표현할 수 있게 해주고, 온라인 공간에서 넓은 네트워크
를 만들도록 허락하며, 정보를 수집함과 동시에 새로운 것을 창조
할 수 있게 해준다. 그것이 이들에게는 창작, 창업의 기회를 만들어
주기도 한다.

그렇다면 이런 디지털 네이티브들은 어떻게 학습하기를 원할까?
마크 프렌스키는《디지털 네이티브, 그들은 어떻게 배우는가》(사회평
론아카데미)에서 전 세계 학생 약 1,000여 명을 인터뷰한 결과를 소개
했는데, 학생들이 원하는 것은 다음과 같았다.

- 강의를 듣는 것을 원하지 않는다.

- 존중받고 신뢰받고 싶어하고, 자신의 의견이 소중하게 여겨지기를 바란다.

- 자신의 관심과 열정을 좇고 싶어한다.

- 동료와 함께 그룹 작업과 프로젝트 수행을 하고 싶어 하며, 무임승차하는 게으른 학생을 피하고 싶어한다.

- 결정을 내리고 통제권을 나눠 갖고 싶어한다.

- 교실뿐만 아니라 전 세계 사람들과 연결되어 의견을 표현하고 공유하고 싶어한다.

- 협업하고 경쟁하고 싶어한다.

- 단순히 적절한 교육이 아니라 실제적인 교육을 받고 싶어한다.

마크 프렌스키가 인터뷰를 통해 얻은 이 정보를 통해 알 수 있듯 오늘날의 학생들은 과거와 다른 방식으로 배우기를 원한다. 자신이 관심 있는 것에 대해 실제적인 배움을 하길 원하고, 학습에서 통제권을 가지기를 원하며, 더 많은 사람과 연결되기를 원한다. 이렇게 다른 방식으로 배우고 싶어 하는 디지털 세대 아이들을 부모나 교사는 어떻게 이해하고 도와야 할까?

디지털 네이티브의 다름을 인정하자

부모나 교육자들은 낯선 디지털 네이티브의 삶의 방식을 두려워하거나 걱정한다. 아이들이 경험할 수도 있는 인터넷 중독, 온라인 범죄, 폭력물과 음란물에 대한 노출, 사생활 공개 등이 모두 걱정된다. 그러나 걱정이 된다고 디지털 네이티브인 아이가 디지털의 세계에 적극적으로 뛰어드는 것을 마냥 막을 수는 없다. 문제를 피하려고만 하면 기회를 놓친다는 말이 있듯이, 두려움과 걱정만 가지고 아이들의 디지털 활용을 바라보면 디지털 활용이 그들에게 줄 엄청난 기회들을 놓칠 수 있다.

디지털 네이티브를 돕고자 한다면 그들의 다름을 인정하고, 그 다름을 차별성 혹은 경쟁력으로 키워갈 수 있도록 도와야 한다. 디지털 네이티브를 바라보는 태도와 관련해서 개인적으로 가장 와 닿는 비유가 마크 프렌스키의 '로켓' 비유이다. 왜 디지털 네이티브를 로켓에 비유하는지 그의 설명을 들어보자.

1) 로켓은 출발 지점에서는 보이지 않는 먼 곳을 향해 그 어느 때보다 빨리 나아간다.
2) 로켓은 스스로 비행해야 한다.
3) 로켓이 자기 비행을 시작하면 수리가 어려워지므로 처음부터 스스로 문제 해결이 가능하도록 만들어져야 한다.

이 비유는 다음과 같은 점을 강조한다. 오늘날의 학생들은 기존 세대가 경험하지 못한 먼 미래로 나아갈 주체들이며, 자기 스스로 미래로 날아갈 수 있어야 한다. 그리고 비행 중에 어떤 일을 만나면 스스로 해결할 수 있어야 한다. 마크 프렌스키는 디지털 네이티브를 가르치는 사람은 '로켓 과학자'가 되어야 한다고 제언한다. 자녀를 로켓으로 보고 부모 자신을 과학자로서 바라본다는 것은 어떤 시사점을 줄까?

로켓 과학자인 부모는 로켓이 가진 잠재력을 인정할 수 있어야 한다. 로켓인 자녀에게는 부모가 경험해보지 못한 세계, 아직 아무도 가보지 못한 세계를 가볼 수 있는 잠재력이 있다. 그러기 위해서는 스스로 나아갈 수 있는 주도성, 도전 정신, 문제해결력, 다양한 디지털 기술 활용력 등을 갖추어야 한다. 아이를 미래로 나아가는 로켓으로 생각한다면, 이 아이에게 어떤 연료를 채워주어야 하는지 신중하게 고민해야 한다. 과거의 교육 연료를 채워 넣어서는 이들의 시동을 걸 수가 없다. 그러니 다음 마크 프렌스키의 말처럼 미래로 나아가는 로켓에 필요한 미래 연료를 채워주어야 한다. 그 미래 연료 중에서 가장 중요한 것이 로켓 스스로 탐구하고 문제를 해결하는 능력임을 잊지 말자.

"만약 우리가 조만간 로켓에 과거와 다른 새로운 연료와 내용물을 채우는 과업을 시작하지 않는다면, 로켓은 결코 지상에서 날아오르지 못할 것이다."

디지털 시대를 살아가는
부모들의 자세

코로나19로 자녀가 원격 수업을 하게 되면서 부모들도 덩달아 원격 수업의 세계에 입문하게 되었다. 중·고등학교 온라인 수업은 초등학교와 사뭇 다르다. 중·고등학생들은 이미 스마트기기 활용에 익숙하고 이전부터 EBS나 인터넷 강의와 같은 플랫폼을 활용하여 학습한 경험이 많아 부모의 도움을 그다지 필요로 하지 않는다. 그러나 초등학생의 경우, 특히 저학년은 부모의 적극적인 도움이 필요하다. 이 과정에서 디지털 활용이 익숙하지 않은 부모는 "왜 원격 수업을 해서 부모를 힘들게 하느냐?"고 원망의 목소리를 내기도 했다.

온라인 교육에 대해
수용적인 태도를 갖자

확대된 원격 교육을 단순히 코로나19로 인한 위기 대응 방법이 아닌 '미래 교육의 트렌드'라는 관점으로 바라볼 필요가 있다. 부모 세대들은 온라인 교육에 대한 긍정적 경험이 많지 않다 보니 원격 수업을 반기지 않는 마음을 가지기도 한다. 그런데 모든 온라인 수업이 부모 세대들이 흔히 생각하는 일방적이고, 지루하고, 학습 효과가 높지 않은 그런 교육이 아니다. 최근 온라인 교육에는 최신 기술 및 스마트기기를 전략적으로 활용하고 있어 교수자가 충분히 잘 설계한다면 얼마든지 쌍방향 소통이 가능하고, 학생들 간 상호작용도 활발하게 할 수 있다.

무엇보다 우리 아이들은 결국 오프라인보다 온라인을 통해 더 많이 배워야 하는 시대에 살아가게 될 것이다. 지금은 처음이라 아이들도 힘들지만 디지털 네이티브인 아이들은 금세 온라인 학습자로서 익숙해질 것이다.

온라인 교육은 우리 아이들이 언제 어디서든 학습할 수 있도록 해줄 뿐만 아니라 아이들의 학습 경험을 확장해줄 수 있고, 아이들에게 좀 더 개별적으로 맞춤화된 학습 기회와 피드백을 제공해줄 수 있다. 코로나 사태 초기에는 원격 수업이 갑작스레 시행되다 보니 교사들도 준비할 시간이 충분하지 않았고, 인프라 측면에서도 여러 가지 어려움이 있어 온라인 수업이 가진 강점을 최대한 살리는

데 한계가 있었지만 수업이 진행될수록 점점 안정적인 모습을 갖추어 가고 있다.

쌍방향 원격 수업을 시행하는 학교와 학습이 늘어나다 보니 이와 관련해서도 부모들 사이에 상반된 생각이 많다. 교사의 이야기를 들어보면 어떤 부모의 경우에는 '왜 100% 쌍방향 수업을 안 하느냐'고 민원을 제기하기도 하고, 또 어떤 부모는 '부모가 챙겨주기 너무 힘드니 쌍방향 수업을 하지 말아 달라'고 민원을 제기하기도 한다고 한다. 줌과 같은 플랫폼을 활용해서 선생님과 아이들이 서로의 얼굴을 보고 소통하며 수업을 진행하는 것은 언택트 시대에 콘택트를 더할 수 있는 좋은 방법이다. 그러나 학습의 효과 측면에서 생각해보면 비실시간으로 혼자서 혹은 친구들과 함께 문제를 해결해보거나, 교사가 제공하는 콘텐츠를 자신의 속도로 학습하면서 이해를 강화하는 시간을 가져야 학습의 깊이를 더할 수 있다. 그러니 쌍방향 수업을 진행해야만 열심히 하는 교사라고 생각하거나, 100% 쌍방향 수업을 해야 우리 아이가 학습을 잘할 것이라는 생각에서 벗어나자.

디지털 도구를 활용해서 잠재력을 개발할 수 있도록 하자

앞서 살펴보았듯이 디지털 네이티브들은 디지털 기술을 이용하여 새로운 콘텐츠를 창조하는 것을 좋아한다. 그리고 성인이 되어 디지털 기술을 활용한 참신한 비즈니스 모델을 만들기도 한다. 최근 온라인 기반의 스타트업 대표들은 대부분 밀레니얼 세대이다. 디지털 네이티브인 밀레니얼 세대 창업가들은 온라인 생태계에 대한 이해가 깊고, 디지털 도구를 다루는 능력이 능숙해서 온라인 기반 비즈니스 영토를 자유롭게 탐색하며 비즈니스 기회를 찾아낸다.

디지털 기술과 도구는 아이들이 자신의 재능을 탐색하고 원하는 콘텐츠를 스스로 개발할 수 있는 플레이그라운드이다. 아이들이 가지고 있는 관심, 재능, 열정에 적절한 기술 활용을 더한다면 아이들은 디지털 기술로 자신을 표현하고, 무언가를 창조하는 과정에서 자신의 잠재력을 꽃피울 수 있다. 기술을 활용하면 훨씬 더 빨리 결과물을 만들 수 있고 다른 사람과 공유하면서 피드백을 받을 수 있어서 아이들에게는 여러 가지 측면에서 동기부여가 될 수 있다.

예전에는 모두 스케치북에 그림을 그렸다면 지금 아이들은 태블릿에 그림을 그린다. 쉽게 그림을 그릴 수 있도록 도와주는 여러 종류의 드로잉 앱이 나와 있어 그림을 그리면서 다양한 효과도 낼 수 있고, 완성도를 더할 수도 있다. 지인의 자녀는 어릴 때부터 그림 그리기를 좋아했는데, 평면 그림을 3D로 구현해주는 앱을 통해 아이가 그린 그림을 입체화해주었더니 그림을 더 열심히 그리고 있다고 한다. 앱을 만드는 일도 예전에는 전문 기술이 있는 사람들만 할 수 있었지만 지금은 간단하게 앱을 만들 수 있도록 도와주는 프로그램이 있어 초등학생들도 원하는 것을 앱으로 구현할 수 있다.

디지털 네이티브에게 온라인이라는 공간은 지식을 탐색하는 공간일 뿐만 아니라 무언가를 창조하고 공유하는 공간이기도 하다. 예를 들어, 스토리 만들기를 좋아하는 아이의 경우 스토리보드 제작 소프트웨어 프로그램을 활용하여 자신만의 이야기를 만들고 그 이야기를 다른 친구들과 공유할 수 있다. 더 나아가 관심이 있는 친구들과 스토리를 영상이나 애니메이션 등으로 공동 제작해볼 수도 있다.

부모들은 디지털 기술과 도구가 아이들의 재능을 계발하고 발전시켜나가는 좋은 플레이그라운드 혹은 실험실이 될 수 있다는 사실을 꼭 기억하길 바란다. 자기표현을 좋아하는 아이가 스마트폰으로 동영상 만드는 것을 무조건 말리거나 태블릿으로 그림을 그리고 싶어 하는 아이에게 무조건 태블릿 사용을 금지한다면, 그 아이의 좋은 성장 기회를 빼앗는 것일 수 있다. 자녀의 관심사와 재능을 디지털 상황에서 다양하게 실험해볼 기술에 대한 지식이 부족하다면 전문가의 도움을 받는 것도 현명한 방법이다. 아이들이 새로운 환경에 적응해가듯이 부모들도 새로운 디지털 환경에 적응하며 새롭게 배워갈 수밖에 없는 시대라는 것을 잊지 말아야 한다.

필수 역량이 된
디지털 리터러시

'문식성, 문해력'이라고 해석되는 '리터러시literacy'는 '글을 읽고 쓸 줄 아는 능력'을 의미한다. 그런데 디지털 매체들이 본격적으로 등장하면서 리터러시의 대상은 글이 아닌 다양한 디지털 도구에까지 확장되고 있다. '디지털 리터러시Digital Literacy'라는 개념을 소개한 폴 길스터Paul Gilster에 따르면 디지털 리터러시는 단순히 컴퓨터를 활용하는 능력이 아니라 그것을 통해 정보를 찾고, 찾아낸 정보의 타당성을 평가하고, 그 정보를 자신의 목적에 맞게 활용하는 능력까지 포함한다.

디지털 네이티브인 우리 아이들은 태어나면서부터 디지털 세계에 살고 있고, 삶에서뿐만 아니라 학습에서도 디지털 도구들을 자연스럽게 활용하고 있다. 이 아이들은 앞으로 다양한 디지털 공간에서 다양한 사람들과 소통하고, 자신의 아이디어와 재능을 구현하고, 지식과 정보를 공유하면서 살게 될 것이다. 디지털 공간은 아이들에게 다양한 기회를 제공해주기도 하지만 동시에 디지털 범죄나 개인정보 유출, 가짜 뉴스와 같은 다양한 위험을 안겨주기도 한다. 따라서 이제 우리 아이들은 반드시 디지털 리터러시를 키워야 한다.

OECD에서는 21세기를 살아갈 아이들에게 필요한 중요한 능력으로 '사회문화의 기술적 도구를 활용하는 능력'을 선정했는데, 이는 구체적으로 '언어, 상징, 텍스트를 활용하는 능력'과 '지식이나 정보를 활용하는 능력', 그리고 '테크놀로지를 활용하는 능력'이다. The Partnership for 21st Century Learning(21세기 역량 파트너십)에서는 21세기 학습에서 중요한 핵심 역량으로 정보 리터러시, 미디어 리터러시, 정보통신기술 리터러시를 포괄하는 개념인 디지털 리터러시를 제시하기도 했다. UNESCO(유네스코)에서도 미래 역량과 관련해서 디지털 리터러시의 중요성을 강조하였고, 우리나라 교육부도 2015 개정 교육과정에서 '지식정보처리역량'을 핵심 역량의 하나로 선정하였다.

디지털 리터러시 태도를 증진해주는 방법

아이의 디지털 리터러시를 키워주기 위해 무엇보다 중요한 것은 디지털에 대해 올바른 태도를 가지도록 돕는 것이다. 부모들이 기술을 직접 알려줄 수는 없어도 좋은 태도를 갖도록 환경을 조성해줄 수는 있다. 좋은 태도를 키워야 인터넷 중독, 개인 정보 도용, 음란물 접근 등 아이들의 디지털 일탈 행동을 예방할 수 있다. 〈초등학생의 디지털 리터러시 태도 증진을 위한 학습 프로그램 개발 및 효과 분석〉(이은지, 2018)이라는 연구 논문에 따르면 디지털 리터러시 태도를 증진하기 위해 초점을 두어야 하는 영역은 다음의 5가지이다.

디지털 리터러시 태도 구성 요소

구성 요소	설명
1. 가치	인터넷에 어떤 가치를 부여하는가
2. 자기 효능감	인터넷 활용과 관련해서 얼마만큼 효능감이 있는가
3. 정서	인터넷을 활용하면서 어떤 감정을 느끼는가
4. 자기조절	인터넷 활용을 얼마나 스스로 조절할 수 있는가
5. 참여	얼마나 인터넷 활동에 자발적으로 참여하려고 하는가

첫 번째 요소인 '가치'는 아이가 인터넷에 어떤 가치를 부여하는지와 관련이 있는데, 어떤 가치를 부여하느냐에 따라 실행 양식이 달라질 수 있다. 아이에 따라 인터넷에 오락의 가치를 부여하기도 하고, 학습의 가치를 부여하기도 한다. 인터넷이 학습에 도움이 된다고 생각할수록, 유용한 정보를 탐색할 수 있는 공간으로 생각할수록, 긍정적인 태도를 가지게 될 것이다. 그런데 이런 가치는 부모의 영향을 받는 경우가 많다.

지인 중에서 창의융합력이 정말 뛰어난 교수가 있다. 한번은 그 교수에게 "어떻게 그렇게 다양한 분야에 전문성이 있고, 그 분야들을 잘 융합하세요?"라고 물은 적이 있었는데 그의 대답이 의외였다. "제가 좀 외진 지방에서 살았는데, 저희 어머님이 지역에서 다양한 교육 기회를 제공할 수 없는 점을 극복하려고 어릴 때부터 다큐멘터리를 많이 보여주셨어요." 어릴 때부터 부모님과 다양한 다큐멘터리를 보면서 여러 분야에 대한 관심과 해박한 지식을 쌓게 되었고, 크면서도 궁금한 점을 다큐멘터리를 찾아보면서 해결했다는 것이다. 이런 사람에게 미디어는 학습 도구의 가치를 가진다. 반면 만약 부모가 컴퓨터나 스마트폰으로 주로 게임을 하거나 오락물을 보는 것만을 보고 자란 아이는 인터넷에 주로 오락의 가치를 부여하기 마련이다.

세 번째 요소인 '정서'는 첫 번째 요소인 가치와 관련이 깊다. 인터넷 활용에 부정적인 가치를 부여하는 경우, 이를 활용하면서도 만족감이나 즐거움을 느끼기보다는 죄책감이나 불안감을 느끼게 된다. 우리는 어떤 활동에 선호하는 감정을 가질 때 더 적극적으로 참여하면서 그 과정을 즐기는데 미디어 역시 마찬가지이다. 포스트코로나 시대의 아이들은 학습을 할 때도 인터넷 활용이 필수이므로 가능한 긍정적인 가치와 감정을 가질 수 있어야 한다.

두 번째 요소인 '자기 효능감'과 관련해서 생각해봐야 할 점은 미디어를 잘 활용할 수 있다는 효능감이 있어야 좀 더 적극적인 활용자가 될 수 있다는 것이다. 코로나19로 유례없이 원격 수업이 확대되면서 모든 아이들이 갑작스레 온라인 학습을 해야만 했다. 평상시 인터넷이 차단되었던 아이들 역시 온라인 학습 활동에 참여하거나 학습 과제를 하기 위해 줌이나 구글 도구와 같은 디지털 도구를 활용해야만 했다. 평소에 인터넷을 많이 활용해 보았던 아이들에게는 컴퓨터 자판으로 글을 쓰면서 자기 생각을 남기거나 다른 친구들의 글에 댓글을 다는 환경이 별로 낯설지 않았겠지만, 그렇지 않았던 아이들에게는 새로운 학습 환경이 두려움의 대상이 되고 그로 인해 소극적인 학습자가 될 수도 있다.

코로나19로 원격 수업을 하기 전에 초등학생인 아들에게 구글의 '잼보드Jamboard'라는 디지털 도구를 알려준 적이 있다. 잼보드는 아이디어를 모으는 브레인스토밍brainstorming 활동을 할 때 전지에 포스트잇을 붙이는 것처럼 디지털 화면에 포스트잇을 붙일 수 있도록 하는 도구이다.

나는 평소 잼보드를 강의 설계를 할 때나 책을 읽고 책에서 읽었던 좋은 문구를 정리할 때 종종 사용했었는데, 그러면서 아이에게도 활용하기 좋은 도구라고 여겨 활용법을 알려주었었다. 그런데 원격 수업을 시작하고 나서 어느 날 아들이 "엄마, 드디어 우리 선생님이 수업 시간에 잼보드를 활용하신대요." 하고 신이 나서 이야기를 하더니, 잼보드를 활용한 과제 활동에 더 열심히, 그리고 자신감을 가지고 참여했다. 이처럼 효능감은 적극적인 참여를 가능하게 한다.

네 번째 요소인 '자기 조절'은 인터넷을 자신의 목적과 방향에 맞게 활용하는 것을 의미하는데, 이를 위해서는 자신의 행동을 조절하고 인터넷 정보를 비판적으로 활용할 수 있어야 한다. 아이들은 인터넷 공간에서 얻는 정보를 비판 없이 수용하는 경향이 크다. 그리고 자신이 얼마나 인터넷을 활용하는지 시간을 체크하지 않으며, 무언가를 검색하러 인터넷에 접속했다가 생각 없이 다른 활동에 빠져들기도 한다. 그러니 부모들은 아이들이 자신이 어떻게 인터넷을 활용하고 있는지 스스로 체크하고, 스스로 인터넷 활용을 조절하는 습관을 만들어갈 수 있도록 도와야 한다.

마지막 요소인 '참여'는 인터넷 기반의 사회적 과정에 자발적으로 참여하려는 의지이다. 인터넷상에서 자신의 의견을 표현한다거나 다른 사람의 의견에 댓글을 다는 활동에 참여하려는 의지인데, 적극적인 참여 의지를 갖는다는 것은 긍정적이다. 그러나 중요한 것은 온라인 공간에서 필요한 예절을 갖추고 참여하는 것이다. 온라인도 공적인 공간이므로 올바른 방식으로 예절을 갖추고 참여해야 하고, 자신의 참여에 대해 책임감 있는 태도를 갖추도록 노력해야 한다.

건강한 디지털 활용,
어떻게 도울 수 있을까?

우리 아이들은 이전 세대가 상상하지 못하는 방식으로 테크놀로지와 깊게 연결되는 삶을 살고 있고, 살게 될 것이다. 요즘 아이들은 궁금한 것이 있으면 제일 먼저 유튜브를 찾아보고 페이스북, 인스타그램, 틱톡과 같은 SNS를 통해 공유하고 소통하고 연결하면서 많은 시간을 보낸다.

디지털 시대는 우리 아이들에게 많은 자원과 학습 기회를 제공하고 있지만, 동시에 아이들과 부모에게 해결해야 하는 여러 가지 도전과제와 문제를 주기도 한다. 그렇다고 무조건 인터넷 활용을 막는 것은 교육의 뉴노멀에 반대하는 과거의 폐단일 수 있다. 그러니 설령 당신이 기술을 두려워하는 부모이더라도 적어도 다음 다섯 가지와 관련해서는 적극적으로 자녀에게 알려주어 자녀의 건강한 디지털 활용을 도와야 한다.

1 | 온라인 프라이버시

부모들은 아이들이 온라인상에서 자신의 개인정보를 잘 관리할 수 있도록 도와야 한다. 어린아이들은 자신의 개인정보가 어떻게 저장되고 어떻게 활용되는지 알지 못한다. 그러므로 개인정보를 취합한 곳에서 어떻게 이 정보를 활용하는지 아이들에게 안내해주자. 인터넷은 사적인 듯하지만 공적인 영역이고, 이곳에 남긴 자신의 개인정보는 사라지지 않는다는 것을 아이들이 꼭 인식하도록 해야 한다. 그리고 개인정보를 어디까지 공유해도 되는지에 대해서 구체적인 가이드라인을 제시해주어야 한다. 주소, 전화번호, 주민등록번호 등과 같은 중요한 개인 정보들은 다른 사람과 공유하지 않도록 아이에게 잘 인지시켜야 한다.

계정의 비밀번호를 만들 때는 너무 쉽지 않게 만들고 절대 비밀번호를 다른 사람과 공유해서는 안 된다고 알려줘야 한다. 또한 모르는 사람과 채팅을 하거나 모르는 사람에게 사진을 보내는 것은 매우 위험하다는 사실을 반드시 인지시켜야 한다.

정보에 대한 판단력이 부족한 아이들은 미디어에서 접한 정보를 그대로 믿는 경향이 있다. 아이가 신뢰성이 없는 정보를 그냥 믿고 다른 사람에게 공유하여 의도치 않게 가짜 뉴스를 퍼트리는 경우가 생기기도 한다. 부모들이 반드시 신경 써야 하는 부분은 정보를 검색할 때 그 정보의 신뢰성에 대해 생각해보도록 하는 것이다. 자녀가 초등학생이라면 함께 정보를 검색하면서 아이의 검색 행동을 살펴보자. 자녀가 검색 도구로 무엇을 쓰고 있는지, 그리고 어떤 자료를 선택하는지를 관찰해보자. 또한 선택한 자료에서 '사실'과 '의견'을 구분하도록 해보자. 자녀의 검색 행동을 관찰하면 도움이 필요한 부분을 쉽게 발견할 수 있다.

《그들이 위험하다-왜 하버드는 디지털 세대를 걱정하는가》에서는 웹 검색을 하는 아이는 온라인 정보의 깊이를 평가할 때 출처보다는 개인적으로 선호하는 색이나 디자인과 같은 시각적인 면의 영향을 많이 받는다고 한다. 그리고 정보의 양으로 정보의 신뢰성을 판단하기도 한다고 한다. 아직 좋은 정보와 나쁜 정보를 구분하는 역량을 키우지 못한 아이들의 경우 정보를 제공하는 기관이나 포스팅 날짜와 같은 정보에는 큰 관심을 두지 않고 부수적인 것에 관심을 둔다. 그러니 자녀와 함께 정보를 검색해보면서 정보의 출처가 신뢰할 수 있는 곳인지, 최신 자료인지, 정보의 진위를 판단할 수 있는지 등에 관해 이야기를 나누고, 인터넷에서 접한 정보는 반드시 '이

것이 정말 사실일까?'에 대해 짚고 넘어가도록 알려주자.

또한 모르는 사람이 보낸 파일을 함부로 열어보지 않고, 카톡이나 DM 등에서 아는 사람이 보낸 동영상이나 이미지라 하더라도 함부로 열어보지 않도록 주의를 주자. 요즘에는 아이들끼리 카톡방에서 인터넷에서 발견한 영상이나 이미지 등을 많이 공유하는데, 친구들끼리 영상이나 사진을 서로 주고받는 것이 위험할 수 있다는 것을 아이도 알고 있어야 한다.

마지막으로 저작권과 관련해서도 아이들에게 구체적으로 알려주어야 한다. 누군가 만들어 놓은 자료나 이미지를 가져와서 본인이 활용할 때는 반드시 출처를 밝혀야 한다는 것과 다른 사람이 만든 자료를 본인 마음대로 바꾸어 활용하는 것이 문제가 될 수 있다는 것도 알려주자.

3 | 사이버 예절

사이버 공간도 엄연한 사회적 공간이다. 그러니 사이버 공간에서 다른 사람의 의견을 존중하고 개인 생활이나 자료를 보호해야 한다는 사실을 아이들이 꼭 알고 있어야 한다. 인터넷상에 자신이 어떤 글을 올릴 때 그것이 상대방에게 불쾌한 감정을 일으키지는 않는지, 문제 여지가 없는지 먼저 확인해야 한다. 요즘에는 댓글로 인한 사이버 폭력이 큰 사회적인 이슈가 되고 있는데, 다른 사람의 의견에 댓

글을 달 때 존중하는 태도와 예의를 갖추는 것이 중요하다는 것을 강조할 필요가 있다.

또 한 가지 강조할 것은 공유 예절이다. 자신의 자료든 다른 사람의 자료든 공유해도 되는 것과 안 되는 것을 구분할 수 있어야 한다. 다른 사람의 자료를 또 다른 누군가와 공유할 때는 사전에 그 자료의 주인에게 동의를 받아야 한다는 것도 알려주어야 한다.

사이버 공간상에서 여러 문제가 많아지다 보니 사이버 시민 의식의 중요성이 많이 강조되고 있다. 자녀들이 어릴 때부터 올바른 사이버 시민 의식을 가지고 인터넷을 활용할 수 있도록 신경을 써야 한다.

4 | 절제 있는 미디어 활용

많은 부모가 어쩔 수 없이 인터넷 사용을 허용하면서 자녀의 지나친 스마트폰 활용, 늘어난 게임 시간 및 인터넷 사용 시간으로 고민하고 있을 것이다. 미디어 활용과 관련된 습관들은 처음부터 잘 형성하지 않으면 인터넷, 스마트폰 중독으로 이어질 수 있기 때문에 절제 있는 활용에 부모의 세심한 손길이 필요하다. 많은 전문가가 아이들의 자유로운 인터넷 활용이 얼마나 위험한지 지적하고 있는데, 특히 밤 늦게 아이가 혼자 인터넷을 하지 않아야 한다.

좋은 습관을 들이기 위해서 컴퓨터를 가족이 함께 활용하는 거실이나 가족 방에 두고 가능한 자녀가 열린 공간에서 인터넷을 활용하도록 하는 것이 좋다. 아이들은 조절력이 약하기 때문에 스스로 시간을 통제하기가 어려우므로 인터넷 활용 시간에 대해 함께 규칙을 정하고 차츰 그것을 스스로 체크할 수 있도록 해야 한다. 이를 위해 세이프 키퍼와 같은 애플리케이션을 이용하여 인터넷 활용 시간을 관리하는 것도 좋은 방법이다.

그런데 절제 있는 미디어 활용을 돕겠다는 마음으로 아이들에게 규칙을 너무 강요하거나 인터넷 활용이나 게임에 대해 부정적인 태도를 보이게 되면 이것 때문에 자녀와 갈등이 깊어질 수 있다. 현명한 방법은 부모와 자녀가 인터넷 활용과 관련해서 함께 규칙을 만들어 지키는 것이다. 예를 들어 다음과 같은 가족 약속을 함께 만들고 지켜보자.

- 아침에 일어나자마자 휴대전화 하지 않기
- 식사 자리에는 휴대전화 가져오지 않기
- 잠자리에 휴대전화 가지고 가지 않기
- 책을 읽거나 공부를 할 때는 휴대전화 보관함에 넣어두기
- 휴대전화 활용 시간을 체크해서 적정 시간 지키기

부모가 인터넷을 규제 없이 사용하면서 아이에게 규제 있는 활용을 요구할 수는 없다. 부모가 먼저 좋은 모델이 되어야 한다는 것을 반드시 기억하자.

자녀의 현명한 디지털 활용을 도우려면 자녀와 적극적으로 소통해야 한다. 인터넷을 활용하는 과정에서 어떤 문제가 생기면 바로 부모와 대화를 해야 하는데, 평소 인터넷 활용에 대해서 비난하거나 자녀와의 대화가 부족한 경우, 아이들이 인터넷상에서 사이버 따돌림을 당하거나 원하지 않게 이상한 사이트에 접속하게 되었을 때 이를 부모에게 알리기보다는 회피하게 된다. 어떤 문제이든 부모와 허심탄회하게 이야기를 나눌 수 있는 가족 분위기를 만드는 것이 건강한 미디어 활용에서도 가장 중요하다.

그러기 위해 아이들이 인터넷에서 어떤 자료를 찾거나 영상을 보았을 때 그 내용에 대해 관심 있게 물어봐 주자. 가장 좋은 방법은 미디어를 가족이 함께 활용하는 것이다. 혼자 유튜브를 보게 하기보다는 아이가 자주 보는 영상을 함께 보면서 콘텐츠에 관해 이야기를 나누고, 아이가 그 콘텐츠를 보면서 어떤 생각을 하고 있는지 적극적으로 알아보자. 유튜브를 보다 보면 연관 동영상이 함께 뜨기 때문에 의도하지 않은 영상을 보게 되는 경우가 많다. 그것을 완벽하게 차단할 수는 없지만 유튜브 프리미엄에 유료 회원으로 가입하여 광고를 차단하거나 가급적 원하는 채널에 머물게 할 수는 있다.

온라인에서 자녀가 어떤 친구들과 네트워킹을 하고 있는지에 대해서도 꼼꼼하게 살펴봐야 한다. 요즘은 초등학생만 되어도 오픈 채팅방을 만들어서 자기가 아는 사람들을 초대하는 경우가 있다. 그러다 보니 친구가 초대해서 들어간 오픈 채팅방에 들어가보면 내가 모르는 사람이 그 채팅방에 초대된 경우가 종종 발생한다. 아이들은 친구가 초대했기 때문에 초대에 그냥 응답하는 경우가 많은데 아이와 맞지 않는 대화 상대가 들어와 있거나 적절치 않은 대화가 오고 갈 수 있으니 이에 대해서도 주의를 기울일 필요가 있다. 이러한 문제를 해결하기 위해서는 아이와 자주 소통을 해야 한다. 종종 아이들이 인터넷상에서 누구와 어떤 관계를 가지고 소통을 하고 있는지에 관해서도 이야기를 나누어보자.

건강한 디지털 활용은 아이들에게만 필요한 게 아니다. 부모가 건강한 디지털 활용 방법을 알아야 자녀에게 디지털 활용에 대한 가이드를 해줄 수 있을 뿐만 아니라 좋은 롤모델이 되어줄 수 있다.

내 페이스북 친구였던 지인이 어느 날 페이스북 계정을 완전히 닫았다. 나중에 알게 된 사실인데 자신의 페이스북에 대학생 딸의 어린 시절 사진을 꽤 많이 올려두었는데 그것이 문제가 되었다. 딸의 페이스북 친구들이 우연히 그 사진들을 보게 되었는데, 어릴 때 모습이 지금과 달라 성형 의혹을 제기한 것이다. 이 때문에 딸이 엄청난 스트레스를 받았고 결국 지인은 페이스북 계정을 완전히 닫아버렸다.

이 사례는 부모가 자녀의 정보 관리에 대해 민감하게 신경 쓰지 않아 일어났던 작은 해프닝인데, 이 작은 해프닝이 상황에 따라 아주 큰 문제가 될 수 있다. 그러니 자녀의 정보나 동영상, 사진을 인터넷에 게시하는 것이 차후에 자녀에게 문제가 될 수 있음을 인지하고 자녀의 개인정보 관리에 신경을 써야 한다.

부모 자신이 디지털 활용에 대해 절제력을 발휘하는 것도 중요하다. 부모가 지나치게 휴대전화를 사용하고 게임에 시간을 많이 쓰거나 자기 전에 잠자리에 누워서 휴대전화를 쓰면서 아이에게는 못하도록 한다면, 부모가 자녀에게 요구하는 규제나 지침이 설득력이 없게 된다. 자녀가 디지털 활용에 있어 자기 절제력을 갖추도록 돕고 싶다면 먼저 부모가 그런 모습을 보여야 한다. 저녁 8시 이후부터는 온 가족이 휴대전화를 꺼두는 등의 가족 규칙을 만들어 함께 지키는 것도 좋은 방법이다.

디지털 학습 역량을
키워주는 방법

코로나19로 인한 갑작스러운 원격 수업의 확대는 오프라인 환경에서의 학습에 익숙하던 아이들에게 온라인 학습에 적응해야 하는 큰 숙제를 안겨주었다. 사전에 아무런 대비 없이 온라인 학습을 하게 되었기 때문에 아이들도 많은 어려움에 직면했다. 컴퓨터 화면에서 글을 읽어야 하고, 선생님의 얼굴을 보지 못한 채 음성만 듣고 학습 내용을 따라가야 하며, 상호작용 없이 학습 자료를 혼자 학습해야 하는 등의 상황이 모두 낯설고 힘들었을 것이다. 그러나 우리 아이들은 좀 더 일찍 이런 온라인 학습 쓰나미를 만나게 된 것일 뿐, 결국 앞으로 온라인 학습이라는 환경에 많이 노출될 수밖에 없었다.

그런 의미에서 디지털 환경에서 학습하는 역량도 아이들에게는 중요한 역량이 되고 있다. 구체적으로 어떤 온라인 학습 역량이 필요하고, 이를 키워주기 위해 부모들이 어떻게 도울 수 있을지 살펴보자.

1 │ 온라인 화면에서 글 읽고 쓰는 연습하기

일반 종이 교과서를 읽는 것과 디지털 교과서나 화면에서 자료를 읽는 것은 아이들에게 다른 경험을 제공한다. 따라서 평소 온라인 화면에서 글을 읽고 쓰는 것에 익숙하지 않은 아이들은 온라인 수업을 따라가기 어려울 수 있다. 요즘 아이들은 영상에 익숙한 세대라서 온라인 수업에서 영상 자료가 나오면 잘 따라가지만 읽기 자료가 나오면 힘들어하는 경우가 많다. 화면에서 긴 글을 읽는 것을 어려워하는 아이라면 수업 시간 이외에 아이가 관심 있는 주제에 대한 글을 인터넷에서 함께 찾아 화면에서 글을 읽는 활동을 해보는 것이 좋다.

쓰기와 관련해서는 아무래도 자판을 외우고 있는 아이들이 온라인 과제를 수행하기가 쉽다. 자판으로 글쓰기가 어려운 아이들은 부모가 계속 도와줘야 과제를 할 수 있으므로, 과제 자체가 아이의 숙제가 아니라 부모의 숙제가 되기 마련이다. 그러니 한글 자판을 외워서 타이핑을 쉽게 할 수 있도록 도와주자. 한컴 타자연습 등을 통해 컴퓨터 사용 능력을 틈틈이 길러주는 것도 좋은 방법이다.

2 | 기술적 문제에 대해 대처하는 방법 알려주기

온라인상에서 학습을 하다 보면 자연스럽게 다양한 기술적인 문제들을 만나게 된다. 인터넷 연결이 끊기기도 하고, 듣고 있던 영상이 꺼지기도 하고, 올려두었던 글이 사라지기도 한다. 그런데 이런 문제가 생길 때마다 짜증을 내거나 힘들어하면 이 스트레스 때문에 온라인 학습을 하기 싫어진다. 특히 초등학교 저학년생들의 경우 온라인 활용이 익숙하지 않다 보니 이런 문제들이 더 많은 스트레스나 두려움을 초래할 수 있다.

자녀에게 온라인에서 일어나는 기술적인 문제들은 흔히 일어날 수 있는 일이라는 것을 알려주고 기술적인 문제가 생기면 도움을 요청하도록 안내하자. 그리고 대부분의 기술적인 문제들은 쉽게 해결 방법을 찾을 수 있다는 것도 알려주자. 온라인 학습에서는 기술적인 문제 상황에 유연하게 대처할 힘을 키우는 것도 필요하다.

수업을 하다가 "엄마!" 하고 부르는 소리가 힘들 수 있지만 인내력은 부모에게도 요구되는 필수 덕목이다. 기술적인 문제는 아이의 잘못이 아니니 아이가 아직 스스로 문제를 해결할 수 없다면 충분한 인내심을 가지고 도와줘야 한다. 쌍방향 원격 수업을 위해 화상 툴을 많이 사용하는데 부모들이 먼저 화상 툴의 사용법을 배워둔다면 사용법에 익숙하지 않은 초등 저학년 자녀들을 도와주기가 훨씬 수월할 것이다.

3 | 학습 루틴 만들기

온라인 학습의 경우 학교 수업과는 달리 일방적으로 정해진 학습 스케줄이 없기 때문에 자칫 느슨해지기 쉽다. 그러니 가능한 학교에 갈 때와 비슷한 스케줄로 집에서도 학습할 수 있도록 하는 것이 좋다. 특히 초등 고학년이나 중학생들의 경우에는 학교 생활의 루틴을 원격 수업에서도 이어갈 수 있도록 도와주면 좋다. 예를 들어 학교에서 1교시가 9시부터 시작했다면, 집에서 원격 수업을 하면서도 적어도 8시 50분에는 컴퓨터 앞에 앉아 학습을 시작할 수 있도록 스케줄을 만들어야 한다. 아이들에게 학습 스케줄을 작성하도록 하면 쉬는 시간을 고려하지 않고 작성하는 경우가 종종 있으니, 학습 중간중간에 쉬는 시간을 넣으라고 조언해 주자.

학습 루틴을 정했다면 얼마나 그 루틴을 잘 지킬 수 있는지 체크하고 어려운 점을 해결해나가야 한다. 일주일 정도 정한 루틴을 지키면서 어떤 예기치 못한 문제가 발생하는지, 그리고 루틴을 지키는 데 방해 요소는 무엇인지 스스로 찾아보고 실행 가능한 계획으로 수정해가도록 도와준다. 초등 고학년부터는 이렇게 학습 루틴을 만들어서 지키는 습관을 갖는 것이 중요하다. 이를 위해서 부모들은 먼저 아이들이 어떻게 학습을 하는지 관심을 가져야 한다. 어떤 점이 어려운지, 무엇을 도와주면 좋을지에 대해서 자녀와 자주 대화를 나누자.

나 역시 초등학생 아들의 학습을 도와주면서 아이에게 학습 스케줄을 정하고 미리 과목별로 수업을 마치는 데 걸리는 시간을 예상해서 써보게 하고 그 옆에 실제로 걸린 시간을 써서 예상한 시간과 실제 걸리는 시간이 어느 정도 다른지 확인해보도록 하고 있다.

학습 계획을 잘 세우는 아이들은 자신의 학습에 어느 정도 시간이 걸릴 것에 대해서 좀 더 정확하게 예측할 수 있다. 계획을 세우고 지키는 과정을 모니터링하면서 스스로 자신의 학습 속도를 가늠할 수 있는 능력을 키웠기 때문이다. 초등 고학년 이후부터는 학습 스케줄을 만들 때 단순하게 언제까지 무엇을 하겠다는 식의 계획이 아닌 예상되는 학습 난이도, 예상 시간을 생각해보고, 계획과 실행 결과를 비교해보는 활동까지 해볼 수 있도록 하자. 이는 이후 중학생, 고등학생이 되어서 자기 주도 학습을 하는 밑받침이 된다.

학습 환경에서도 일정한 루틴을 만들어줄 필요가 있다. 집에서 학습한다고 해서 아무 데서나 아무렇게나 앉아서 학습하지 않도록 한다. 학습하는 장소를 이리저리 옮겨다니기보다는 책상이나 테이블 등 일정한 장소에 앉아서 공부할 수 있는 환경을 만들어주는 것이 좋다.

온라인으로 혼자 학습을 하다 보면 집중력을 유지하기가 쉽지 않다. 특히 주변에 소음이나 방해요소가 많은 경우에는 더욱더 그렇다. TV를 틀어놓은 거실 테이블이나 다른 가족들이 오가는 주방 식탁에서 온라인 학습을 하면 당연히 집중력이 떨어질 수밖에 없다. 그러니 자녀가 외부 방해를 받지 않고 학습할 수 있는 환경을 만들어주어야 한다.

아무리 혼자 집중해보려고 해도 학교 수업처럼 옆에 선생님이나 함께 학습하는 친구들이 있는 게 아니기 때문에 온라인 학습 상황에서 아이들이 집중하는 시간은 길지 않다. 이런 상황에서 빨리 온라인 학습을 끝내도록 강요하는 경우, 아이들은 학습 내용을 이해했는지 못했는지 신경 쓰지 않고 오로지 끝내는 것에만 관심을 둘 수 있다. 마감 혹은 완료를 강요하기보다는 천천히 하더라도 하는 동안 집중할 수 있도록 해주자. 특히 초등학교 저학년의 경우 온라인 학습이 익숙하지 않기 때문에 무리하게 시키면 '온라인 학습은 어렵다' 혹은 '온라인 학습은 싫다'라는 생각을 가질 수 있으므로 아이에게 무리가 되지 않게 천천히 온라인 학습에 익숙해지도록 기다려줘야 한다.

또한 자녀의 집중력을 높여주기 위해 적절한 도구를 활용하는 것도 좋다. 자녀의 집중 시간이 20분을 넘기지 못한다고 판단되면 타이머를 20분에 맞추고 20분 동안 집중해서 학습하고 10분 쉬는 루틴을 만들어도 좋다. 처음에는 20분에서 시작해서 30분, 40분으로 늘려나가는 것이다. 요즘 스마트폰 애플리케이션 중에는 '뽀모도로'(타이머 앱)나 '포레스트, 스테이 포커스드'(집중력 앱)과 같은 다양한 집중력 향상을 위한 애플리케이션이 있으니 이를 적극적으로 활용하는 것도 좋은 방법이다. 나 역시 초등학생인 아들과 함께 '뽀모도로'를 활용하고 있는데 게임을 하듯이 학습을 할 수 있어 아들이 매우 좋아한다. 초등 고학년이나 중학생의 경우, 자신의 집중력을 방해하는 것이 주로 무엇인지를 찾아보고, 그 방해요소(스마트폰 등)를 어떻게 통제할 수 있을지 생각해보도록 한다.

5 | 온라인 학습 전략 활용하기

오프라인 학습과 마찬가지로 온라인 학습도 적극적인 학습 전략을 활용할 필요가 있다. 온라인 학습의 경우 노트 필기와 학습 점검이 특히 중요한 전략이다. 학습 전략이 없는 아이들은 온라인 강의를 틀어놓고 그냥 멍하니 있기 쉬우므로 녹화된 온라인 강의를 들을 때는 중간중간에 잠시 멈춤을 하고 학습한 내용에 대해 노트 필기를 하거나 키워드를 적어보는 것과 같은 정리 활동을 하는 것이 좋다.

혼자 온라인 학습을 하다 보면 자신의 이해 정도를 체크하지 않고 넘어가는 경우가 많다. 그러니 학습 후에는 교사가 내준 과제를 풀거나 자기 스스로 이해했는지 못했는지 체크해보는 등 '이해도 점검' 활동을 하고, 이런 이해도 점검이 온라인 학습의 루틴에 포함되도록 부모들이 도와주어야 한다. 이를 위해 온라인 학습이 끝나고 난 후에 자녀와 오늘 어떤 내용을 학습했는지, 어떤 내용이 쉽고 어려웠는지에 관해서 이야기해보는 시간을 가지면 좋다.

6 | 준비된 학습자 되기

학교에 갈 때 준비물을 꼼꼼히 챙겨가고, 숙제를 제때 제출하듯 온라인 수업에서도 수업을 하기 전에 필요한 준비를 미리 하고, 온라인 과제의 마감 시간을 잘 지키도록 도와주자. 초등학교 저학년의 경우 이런 것을 혼자 챙기기 어려울 수 있다. 따라서 처음에는 준비를 도와주되 차츰 학습 전에 준비물 챙기기, 책상 미리 정돈하기 등을 아이 스스로 할 수 있도록 지도하자. 무엇보다 자녀가 학교에서 보낸 안내 사항이나 학습 스케줄을 꼼꼼하게 확인하도록 돕고, 중간중간 자녀가 그것을 잘 수행하고 있는지도 부모가 점검해주면 좋다.

7 | 온라인과 오프라인 균형 맞추기

원격 수업을 하다 보면 몇 시간씩 자리에 앉아서 컴퓨터 화면을 보고 있어야 하는 경우가 생긴다. 학교 수업을 할 때는 쉬는 시간에 친구들과 이야기를 하기도 하고, 잠깐 운동장에 나가서 놀기도 하면서 휴식을 가질 수 있었는데 온라인 수업을 하다 보면 장시간 온라인 공간에만 머물게 된다. 이렇게 되면 아이의 시력, 집중력, 체력에 부정적인 영향을 미칠 수 있으므로 자녀가 온라인과 오프라인 시간을 균형 있게 잘 쓰도록 도와주어야 한다. 온라인 수업을 하다 중간에 쉬면서 맨손 체조를 한다던가, 잠시 눈을 감고 음악을 듣는 시간을 갖는다거나, 가족과 간식을 먹으면서 쉬는 시간을 가질 수 있도록 하자. 초등 고학년 이상 학생들의 경우 효과적인 온라인 학습을 위해 어떻게 자신의 마인드와 체력을 관리할지 스스로 계획을 세울 수 있도록 도와주자.

LEAR
NING

Chapter 6

혼자서 학습하는
힘을 키워라

실체가 드러난 아이의
자기 주도 학습 능력

우리 아이는 잘하고 있을까?

우리 아이는 스스로 온라인 학습을 잘하고 있을까? 다음의 체크리스트를 보면서 우리 아이에게 해당하는 항목을 찾아보자. 초등학교 저학년의 경우 처음 4가지 문항을, 초등학교 고학년에서 중·고등학생까지는 전체 문항 중에서 체크하면 된다.

□ 온라인 학습 스케줄을 미리 살펴보면서 무엇을 해야 할지를 스

스로 확인한다.

- [ ] 시키지 않아도 스스로 정한 시간에 온라인 학습을 하기 위해 책상 앞에 앉는다.
- [ ] 그날 학습에 필요한 교재 및 준비물을 책상 위에 미리 준비해 놓는다.
- [ ] 누가 확인하지 않아도 정해진 학습을 스스로 완료한다.

- [ ] 온라인 학습에 시간을 어떻게 쓸지 스스로 계획하고 점검한다.
- [ ] 온라인 학습에 집중할 수 있도록 스스로 환경을 세팅하고 장애물을 차단한다.
- [ ] 온라인 학습을 하다가 자신의 흥미를 끌거나 궁금한 게 생기면 물어보거나 스스로 검색을 통해 찾아본다.
- [ ] 온라인 학습도 학교생활의 일부로 생각하고 진지하게 참여한다.
- [ ] 온라인 학습을 잘할 수 있는 자신만의 방법을 생각하고 이를 적용해보려고 한다.

위의 체크리스트는 스스로 온라인 학습에 적극적으로 참여하는 학생들의 학부모 및 교사들과 인터뷰를 하면서 파악한 특징들을 정리한 것이다. 한 교사가 인터뷰에서 이런 말을 했다.

"비대면 온라인 수업을 하느라 아이들 얼굴을 직접 보지는 못하지만 언제 아이가 온라인 학습에 접속하고 완료를 하는지, 과제를 얼마나 잘 제출하는지를 보면 그 아이의 학습 능력이 보입니다. 평소에도 주도적으로 학습을 잘하는 친구가 있는데, 그 아이는 기존 오프라인 수업 시간에 딱 맞추어 온라인 수업을 듣고 그 시간에 맞추어 완료합니다. 자신의 습관에 있어 흐트러짐이 없는 거지요."

그런데 문제는 아쉽게도 이런 아이들이 많지 않다는 것이다.

온라인 수업으로
더욱더 깊어지는 학부모의 고민

코로나19로 학생들이 학교에 못 가고 집에서 온라인으로 학습을 하는 시간이 많아지면서 부모들의 고민도 더 깊어졌다. 일단 학교에 보내 놓으면 아이가 학교에서 수업 시간에 딴짓을 하는지, 조는지, 집중을 못 하는지 볼 수 없었기 때문에 '아이가 학교에 가면 공부를 하겠지.'라는 막연한 믿음이 있었다. 그리고 '학교, 수업, 선생님'이라는 학습을 도와주는 일종의 든든한 울타리가 있었기에 그동안 아이의 자기 주도 학습 능력이 중요하다는 것을 알면서도 그다지 큰 고민을 하지 않았다.

그러나 아무런 강제적인 울타리가 없는 상황에서 혼자 온라인 학습을 하는 아이들을 집에서 지켜보면서 많은 부모는 '아이가 혼자서 공부를 하는 힘이 부족하다.'라는 인정하고 싶지 않은 사실을 인정할 수밖에 없게 되었다. 억지로 컴퓨터 앞에 앉아 있지만 영 집중을 못 하는 아이, 온라인 학습 영상을 켜 놓고 딴짓을 하는 아이, 10분 정도 영상을 보고 나면 30분 쉬려고 하는 아이 등 다양한 모습을 경험하게 된 것이다. 그런 모습을 바로 옆에서 보고 있으려니 부모들은 한숨만 나온다. 그동안 시키는 것을 잘하는 아이들을 보면서 '우리 아이가 혼자서도 잘하는구나.' 하고 착각해 왔음을 알게 되었다.

결국 코로나19와 원격 수업이라는 큰 변화는 혼자서도 학습을 잘하는 아이와 그렇지 않은 아이를 명확하게 구분 지었다. 그리고 그렇게 구분 지었을 때 스스로 학습을 할 수 있는 힘을 가진 아이들이 많지 않다는 현실도 보여주었다. 이것은 아이들의 문제라기보다는 그동안 가정에서든 학교에서든 아이들이 자기 주도 학습력을 갖추도록 돕는 데 초점을 맞추어 오지 않았던 교육의 문제이다.

아이들에게도 결코 쉽지 않은 온라인 수업

아이들 입장에서 생각해보면 처음으로 경험하는 온라인 학습이 결코 쉬운 일이 아니다. 우선 수업을 받는 공간이 바뀌었다는 것부터가 아이들에게는 적응이 쉽지 않을 것이다. 학교에 가서 교실이라는 공간에서 선생님과 친구들이 함께 학습을 하는 것에 익숙해져 있었는데, 쉬는 공간인 집에서 학습 전반을 해야 한다는 것이 아이들에게는 꽤 어려운 일일 것이다. 특히 평소 집에서 책상에 앉아서 혼자 공부를 하지 않았던 아이들에게는 책상에 앉아 공부한다는 것 자체가 어려운 일이다.

또한 주변에 자신을 강제적으로 수업에 참여하도록 하는 일종의 제어 시스템이 없다는 것이 아이들을 힘들게 할 것이다. 그동안에는 수업 시간표, 수업의 진도, 나를 지켜보는 선생님과 친구들이 자발적이든 자발적이지 않든 나를 '공부 모드'로 들어가게 해주는 장치였는데, 집에는 그런 외부 장치가 없다. 물론 옆에서 지켜보는 부모님이 있다고 하더라도 많은 아이에게 부모는 공부 모드로 자연스럽게 들어가도록 만들어주는 촉진자이기보다는 잔소리로 부담을 더 하는 사람일 뿐인 경우가 많다.

온라인 수업은 아이들에게 스스로 학습 시간을 관리해야 하는 부담을 준다. 학교에서는 40~50분 수업 시간이 끝나면, 그리고 전체 수업 시간이 끝나면 아이들은 공식적으로 자유 시간을 가질 수 있었다. 그런데 지금의 온라인 수업의 경우, 그 시간이 짧든 길든 간에 알아서 완료해야 한다는 부담이 있다. 학교에서는 쉬는 시간도 중간중간에 정해주었는데 온라인 수업을 할 때는 아이들이 쉬는 시간도 스스로 만들어야 한다. 공부 시간, 쉬는 시간을 스스로 정해서 실천해 본 적이 없는 아이들에게는 이러한 자유가 오히려 큰 부담으로 다가올 수 있다.

마지막으로 많은 아이들에게 그동안 컴퓨터나 태블릿과 같은 스마트기기는 게임을 하는 도구, 혹은 유튜브를 보는 도구였다. 물론 학교 수업을 할 때도 수업 시간에 선생님이 컴퓨터를 활용했지만, 아이들은 활용자가 아닌 시청자였다. 그동안 오락의 도구였던 컴퓨터를 활용해서 공부를 하자니 아이들에게는 계속 오락의 유혹이 손짓할 수밖에 없다. 클릭 한 번이면 게임도 할 수 있고 유튜브도 볼 수 있는데, 아이들 입장에서 그 유혹을 통제하기란 쉬운 일이 아니다.

아이들에게 온라인 수업이 힘든 이유

- 공부 공간이 바뀌었다.
- 외부 통제 시스템이 없다.
- 시간을 스스로 관리해야 한다.
- 유혹이 많다.

가치 주가가 급상승한
자기 주도 학습력

2020년 7월 SBS에서 방영된 〈당신의 아이는 혼자 공부할 수 있습니까?〉를 보면서 많은 부모가 공감을 했다. 이 프로그램에는 온라인 수업으로 학습 습관이 무너진 아이들과 이로 인해 고민에 빠진 부모들이 등장했다. 온라인 수업보다 유튜브에 빠진 아이, 집에서 선생님이 된 엄마 때문에 더 의존적인 학습을 하게 된 아이 등을 위한 전문가의 솔루션은 결국 '혼자 공부하는 힘'을 키워주는 것이었다. 혼자 공부하는 힘을 키워준다는 것은 도대체 어떻게 하는 것일까? 바로 자기 주도 학습력을 키워주는 것이다.

자기 주도 학습을 한다는 것은 크게 세 가지를 할 수 있다는 것을 의미한다. 첫 번째는 학습을 스스로 하려고 하는 내적 동기를 갖는 것, 두 번째는 자신의 학습을 촉진할 수 있는 적절한 학습 전략을 활용하는 것, 세 번째는 학습 성과를 위해 자신을 관리하는 것이다.

동기 관리, 학습 관리, 자기 관리, 이 세 가지는 서로 긴밀하게 연결되어 있어, 동기 관리가 잘 되면 학습 관리가 쉬워지기도 하고, 자기 관리가 되지 않으면 동기 관리가 어려워지기도 한다.

〈당신의 아이는 혼자 공부할 수 있습니까?〉에서 명문대에 입학한 대학생들이 나와서 자신들의 자기 주도 학습 역량을 이야기했는데 이들이 말하는 '플래너 활용, 시간 관리, 학습 방해 요소 제거, 틀린 문제 반복 풀기, 타인에게 가르쳐주며 배우기' 등은 학습 관리 및 자기 관리에 필요한 전략들이다.

그런데 이들이 명시적으로 이야기하지 않은 동기 관리에 중요한 역할을 하는 것이 바로 '부모의 태도'이다. 왜냐하면 아이들이 학습에 대해 어떤 태도를 가지는지, 그리고 학습할 동기가 얼마만큼 생기는지에 큰 영향을 미치는 것이 부모의 태도이기 때문이다. 다음 장에서 자녀의 자기 주도 학습을 키워 주기 위해 부모가 가져야 할 태도 및 역할에 대해 살펴보자.

자기 주도 학습력을 키우는
부모의 태도와 역할

다음의 표를 보고 나는 자기 주도 학습력에 대해 어떤 태도를 보이고 있는 부모인지 스스로 체크해보자.

비교	A	B
1	평생 배움의 관점에서 필요하다	성적을 올리기 위해서 필요하다
2	키우는 데 충분한 시간이 필요하다	빠르게 키울 수 있다
3	모든 아이는 주도적 학습력을 가질 수 있다	자기 주도 학습을 잘하는 애들이 따로 있다

'비교 1'의 경우 자기 주도 학습력의 필요성 혹은 효용에 대해 어떤 생각을 하고 있는지 묻고 있다. '비교 2'는 자기 주도 학습력을 키우는 데 걸리는 시간에 관한 생각을 묻고 있고, 마지막 '비교 3'은 자기 주도 학습이 가능한지에 관해 묻고 있다. 당신의 생각은 A와 B 중에서 어느 쪽에 더 치우치는가?

이미 눈치를 챘겠지만 부모가 A의 태도를 취하는 것이 자녀의 자기 주도 학습력을 키우는 데 도움이 된다. 자기 주도 학습력은 지금 당장 어떤 성과를 내기 위해서보다는 아이들이 평생을 살아가는 데 필요한 힘이다. 그래서 반드시 키워야 하는 능력이다.

자기 주도 학습력을 갖추는 것은 장거리 달리기의 관점에서 접근해야 한다. 우리가 몸의 근육을 만들 때 일정 시간과 노력이 필요한 것처럼 자기 주도 학습력 근육을 만드는 것도 시간과 노력이 필요한 일이다. 그래서 인내심을 갖고 자녀가 이 능력을 키우는 것을 지원해줄 수 있어야 한다.

다행이도 자기 주도 학습력은 충분히 후천적으로 학습이 가능한 능력이다. 방법을 알고 연습한다면 모든 아이는 자기 주도 학습력을 갖춘 아이로 성장할 수 있다. 당신의 아이도 말이다.

평생 배움의 관점에서 필요한 자기 주도 학습력

"우리 아이가 혼자서도 공부를 잘했으면 좋겠어요!"

이렇게 말하는 부모에게 왜 아이가 혼자서 공부를 잘했으면 좋겠는지를 물었다. 그 부모의 대답은 "그래야 성적이 잘 나오니까요." 였다. 물론 혼자서 공부하는 힘을 키우면 결국 성적 상승으로 이어질 수 있다. 그러나 나는 부모들이 '혼자 공부'에서의 방점을 '공부'가 아닌 '혼자'에 두었으면 한다. 왜냐하면 무엇이든 혼자 할 수 있는 힘이 있어야 결국은 공부로도 이어질 수 있기 때문이다. 어찌 보면 공부를 잘하는 능력보다 혼자서 무언가를 해내는 능력이 더 상위의 능력이다. 시험을 잘 보고 성적을 잘 받는 일은 혼자가 아닌 누군가의 도움을 받아서 더 잘할 수도 있다. 그러나 우리 아이들이 삶을 살아가면서 언제까지나 누군가의 도움을 받으면서 필요한 문을 열 수는 없다. 언젠가는 독립을 해야 하고 홀로서기를 해야 하는데 그 습관을 어릴 때부터 기를 수 있다면 그 습관은 더욱더 단단한 습관이 될 것이며, 좋은 습관의 덕을 더 빨리 볼 수 있을 것이다. 아이를 키우는 엄마로서 내가 가장 많이 신경을 쓰는 부분도 바로 이 부분이다.

이제는 평생학습 시대이다. 중·고등학교 때의 학습은 삶에서 필요한 공부의 워밍업일 뿐, 아이들은 대학을 가서도, 직장을 다니면서도, 심지어 퇴사해서도 학습을 계속 이어나가야 한다. 아이들이 살아갈 미래 사회는 변화에 적응하는 힘이 필요한데 이때 중요한 힘이 학습하는 능력이다. 학습하는 힘을 가진다는 것은 앞으로 아이들에게 엄청난 자원이 될 것이다.

전작인 《다섯 가지 미래 교육 코드》에서도 평생배움력의 중요성에 대해 강조를 했다. 평생배움력을 갖추기 위해서는 크게 세 가지 능력이 필요한데 그것은 배우는 것을 좋아하는 마음Love to Learn, 잘 배우는 방법을 아는 능력How to Learn, 배움을 지속할 수 있는 능력How to Continue이다.

이 세 가지 능력을 갖춘 아이들은 평생 삶을 살아가면서 스스로 자신을 교육하려는 내적 동기와 기술을 가지게 될 것이고, 새롭게 무언가를 배워야 할 상황이 되었을 때 그 동기와 기술을 적극적으로 활용하면서 더 나은 삶을 만들어 갈 수 있다.

이런 맥락에서 자기 주도 학습력은 학교에 다닐 때, 혹은 시험을 보기 위해 반짝 필요한 능력이 결코 아니다. 미래 교육의 관점에서 우리 아이들이 평생 활용해야 할 학습하는 힘을 미리 키우는 중요한 과업으로 부모들이 생각해주었으면 한다. 자기 주도 학습력을 키우는 일은 단연코 시간과 노력을 들일 가치가 있는 일이다.

아이 스스로 만들어 가야 하는 자기 주도 학습력

자기 주도 학습력과 관련해서 부모가 또 한 가지 알아두어야 할 것은 자기 주도 학습력은 절대적으로 아이 스스로 만들어가야 한다는 것이다. 아이들은 주도적으로 학습하는 과정에서 성취감을 느끼면서 스스로 학습하고자 하는 동기를 더 키워나가게 되는데, 부모가 개입해서는 아이들이 진짜 성취감을 맛볼 수 없기 때문이다.

어릴 때부터 부모가 만들어준 계획에 따라 움직였던 아이들이 좋은 대학에 가게 되었다고 해서 그 아이들이 성취감을 느낄 수 있을까? 자신이 어떤 성취를 이루었지만 그것이 자기 스스로 만들어낸 것이 아니라는 생각이 든다면 성취에 대한 만족감을 느끼지 못할뿐더러 자기 자신에 대한 효능감도 느끼기 어렵다. 그리고 그것은 다음에 더 달리고자 하는 동기를 저하시킬 수 있다.

예전에 아는 교사에게 학교에서 주도적으로 학습하는 아이들은 어떤 특징을 가졌는지 물어본 적이 있었는데 그 대답이 흥미로웠다.

"자기들이 노력해서 쌓아놓은 무언가가 있으면 아이들이 그것을 지키기 위해 스스로 열심히 공부하는 것 같습니다. 그런데 부모들이 만들어준 것에 대해서는 지키고자 하는 마음이 없어서 열심히 하다가도 그냥 손을 놓아버리기도 하더라고요."

결국은 내가 스스로 만들어간다는 사실이 아이들에게 자기 주도 학습을 하도록 하는 원동력이 된다는 것이다. 아이들은 공부를 하는 과정에서 스스로 계획을 세우고, 여러 가지 방법을 시도해보고, 그것으로 인해 원하는 결과를 만들어냈을 때 진짜 성취감을 맛보게 된다. 그리고 그것이 학습 동기 및 자기 효능감에 긍정적인 영향을 준다.

이런 메커니즘을 잘 설명하는 이론이 바로 '귀인attribution' 이론이다. 귀인 이론은 결과의 원인에 대한 개인의 믿음과 관련된 인지 이론인데, 결과의 원인에 대한 개인의 믿음이 기대와 행동에 어떻게 영향을 주는지에 대해 설명한다. 버나드 와이너Bernard Weiner라는 학자는 성공과 실패의 원인으로 사람들이 빈번하게 언급하는 네 가지를 찾았는데 그것은 '능력, 노력, 과제 난이도, 운'이었다.

그렇다면 과연 이 네 가지 요인 중에 자신의 성공 요인으로 어떤 것을 선택한 사람이 동기가 높을까? 연구에 따르면 자신의 성공을 능력과 노력에 귀인하는 사람들이 더 높은 자부심을 경험하고, 성공 이후 기대감과 자신감이 올라간다고 한다.

학습에서도 마찬가지이다. 아이들은 자신이 학습 능력이 있고 학습하면서 스스로 노력했기 때문에 성공했다고 생각할 때 자부심이 높아지고 앞으로 학습에 대한 기대감이 생긴다. 그러니 아이들이 스스로 자신의 노력에 성공의 요인을 귀인하도록 부모의 개입과 관리를 최소화하고 아이가 스스로 성취감을 느낄 수 있도록 도와야 한다. 그리고 부모들은 좋은 성적이라는 결과보다는 아이가 스스로 노력하고 스스로 결과를 만들어 내는 과정에 초점을 두고 칭찬해주어야 한다.

관리자가 아닌 코치로 역할을 전환하자

자기 주도 학습력이 부모의 개입을 줄여나갈수록 높아지는 능력임을 알았다면 이제 부모의 역할을 과감하게 전환해보자. 그동안 방향을 설정해주고, 계획을 짜주고, 일정을 관리하는 관리자의 역할을 해왔다면 이 역할을 내려놓아야 한다.

부모들에게 코칭을 할 때 이 관리자의 역할을 내려놓자고 하면 이런 말을 한다.

"제가 안 도와주면 우리 아이는 아무것도 안 할 거예요."
"우리 아이는 절대 혼자서 못 해요."

"제가 관리를 안 하면 우리 아이의 학습이 망가질 것 같아 불안해요."

정말 그럴까? 이런 불안감과 걱정이 밀려올 때 반대로 이렇게 생각해 보길 바란다.

'혹시 나의 개입으로 우리 아이가 원래 가지고 있는 주도성이 꽃피지 못하고 있는 게 아닐까?'

부모가 개입하고 도움을 줄수록 아이는 혼자 하는 힘을 길러야 할 필요성을 못 느낄 뿐 아니라 그럴 힘이 본인에게 있다는 것을 스스로 증명할 기회를 잃어버리게 된다. 앞서 이야기했듯, 자기 주도 학습력은 누구나 키울 수 있는 능력이다. 부모들은 그 힘을 믿어주고 자녀가 그 능력을 키울 수 있도록 개입을 하는 관리자가 아니라 옆에서 촉진해주는 코치가 되어야 한다.

코치는 자기 스스로가 자신에 대한 관리자가 될 수 있도록 촉진해주는 사람이다. 코치인 내가 답을 주기보다는 상대방이 스스로 답을 찾도록 해주는 것이다. 그런데 중요한 것은 상대방이 스스로 답을 찾을 수 있다는 것을 믿고 인생을 스스로 디자인해 나갈 수 있는 잠재력이 있다고 믿어야 코칭을 할 수 있다는 것이다. 상대에게 그 힘이 있다고 진심으로 믿지 않으면 계속 내가 힘을 발휘하고 싶은 욕구를 가지게 되기 때문이다.

우리 아이들은 모두 주도적인 삶을 살 수 있는 잠재력을 가지고 있다. 그 잠재력을 얼마나 잘 끌어내주느냐에 따라 씨앗의 발현 정도가 달라진다. 가능한 한 빨리 자신이 가진 잠재력을 발견할 수 있다면 아이들은 누구나 자기 주도 학습자가 될 수 있다. 그러니 "우리 아이는 혼자서 공부하는 힘이 없어요!" 하고 단정하지 말자. 우리 아이들은 그 힘이 없는 것이 아니라 아직 그 힘을 발현하지 못했을 뿐이다. 잠재된 힘을 끌어내 활용하며 자신이 가진 힘의 위력을 맛볼 기회를 아직 만나지 못했을 뿐이다.

그런 의미에서 '가르치지 말고 경험하게' 하자. 부모가 무언가를 가르치려는 마음을 내려놓고 아이가 스스로 경험을 통해 방법을 찾아갈 수 있도록 코칭을 해주자. 코칭에서 가장 중요한 것은 '질문'과 '경청'이다. 좋은 질문을 통해 아이가 자신에게 맞는 방법을 찾아 스스로 해볼 수 있도록 도와주어야 한다. 좋은 질문은 주로 관찰과 경청에서 나온다. 그러니 말하기보다 듣기가 먼저여야 한다. 아이가 학습을 하면서 무엇을 어려워하는지, 어떤 패턴을 보이는지 세심하게 관찰하고 아이의 이야기를 잘 들어주자.

부모가 잘 들어줄수록 아이들은 잘 말하게 된다. 그리고 아이들은 자신들의 이야기를 말로 하는 과정에서 자신의 문제점이나 해결책을 깨닫는다. 또한 부모가 잘 들어야 아이가 스스로 답을 찾을 수 있도록 돕는 질문을 잘할 수 있다.

부모가 관리자가 아닌 코치의 역할을 할 때 우리 아이가 더 주도적으로 될 수 있다는 것을 깨닫게 되면 자연스럽게 아이의 앞에 서서 아이를 끌고 가려고 하기보다는 옆에서 같이 걸려주고 싶은 마음이 올라올 것이다.

코치의 역할을 한다는 것은 아이와 파트너 관계를 구축한다는 것이다. 아이를 존중하고 신뢰하는 마음을 갖고 아이가 주체가 되어 앞으로 나가갈 수 있도록 촉진해준다면 아이의 주도성은 더욱더 강하게 피어날 것이다.

혼자 학습을 하려는
동기가 필요하다

"우리 아이는 제가 말을 안 해도 스스로 책상에 앉아서 공부를 해요!"

이것은 굳이 말하지 않아도 많은 부모가 바라는 바이다. 혼자서 학습을 하는 것이 얼핏 보기에 습관인 듯 혹은 기술인 듯 보이지만 사실 자세히 들여다보면 그 실제 중심은 '마음가짐'이자 '태도'이다. 그것을 한마디로 '주도적으로 학습하고자 하는 동기'라고 표현할 수 있다.

그렇다면 자기 주도적으로 학습을 하는 아이에게는 어떤 동기가 있을까? 크게 두 가지 동기가 있다. 첫 번째로 공부를 하고 싶은 동기가 있고, 두 번째로 혼자서 해보고 싶은 동기가 있다. 이 두 가지 불꽃이 함께 터져 시너지를 냈을 때 우리 아이들은 스스로 책상 앞에 앉아서 공부하기 시작한다.

우리 아이들이 스스로 학습하는 동기를 가질 수 있도록 돕고자 한다면 먼저 '동기'라는 것의 복잡 미묘한 실체에 대해 살펴봐야 한다.

동기는 복잡하고 힘이 세다

동기는 영어로 'motivation'으로 move, 즉 '움직이다'라는 어원에서 비롯되었다. 동기는 한 마디로 '어떤 목표를 향한 행동을 시작하도록 하는 내적 과정'이라고 설명할 수 있다. 우리는 '동기부여를 한다'라는 표현을 자주 사용하는데, 사실 동기는 외부에서 강제적으로 부여하기 힘들다. 동기 자체가 주체적인 특징을 가지고 있기 때문이다.

마틴 포드Martin Ford가 제안한 동기 시스템 이론Motivational Systems Theory: MST에 따르면 동기는 지향적인 활동을 시작하게 하고, 그 일에 에너지를 부여하고, 조절하는 역할을 한다.

1 시작하게 한다 | 어떤 일을 시작할지 선택하게 한다.
ex) 지금 숙제를 할까, 하지 말까를 결정하게 한다.

2 활력을 준다 | 시작한 일에 에너지를 준다.
ex) 기분 좋게 숙제를 한다.

3 조절한다 | 시작한 일을 포기하지 않고 지속하게 한다.
ex) 중간에 하기 싫은 마음이 생겨도 참고 마무리한다.

MST는 이런 다양한 역할을 하는 동기가 다음의 세 가지 심리적인 기능에 의해 구성되는 패턴이라고 설명한다.

이 세 가지 심리적 기능은 '목표, 감정, 자기 신념'인데 이를 공식으로 표현하면 다음과 같다.

동기 = 목표 × 감정 × 자기 신념

이 동기 공식에 따르면 동기가 생기려면 '목표', 즉 하고 싶은 것이 있어야 한다. 그리고 그 목표나 그것을 하는 과정이 '긍정적인 감정'을 불러일으키고, 그것을 하는 주체인 자신에 대해 '긍정적인 믿음'을 가지고 있어야 한다.

예를 들어, 영어 공부를 잘하고자 하는 이유(목표)가 있어야 하고, 영어 과목 혹은 영어를 공부하는 과정이 긍정적인 감정을 불러일으키고, 영어를 잘할 수 있다는 자신에 대한 기대나 믿음이 있다면 영어 공부를 하고자 하는 동기가 생기게 된다. 목표, 감정, 자기 신념의 상호작용으로 동기가 만들어지기 때문에 이 중 하나라도 빠진다면 동기의 동력을 만들어 내기가 힘들다.

여기에서 부모들이 꼭 알아야 하는 점은 동기가 우리가 생각하는 것만큼 단순하지 않고 다양한 요소의 상호작용으로 만들어진다는 것이다.

"너는 도대체 왜 공부를 안 하니?"

아이들에게 종종 이런 질문을 하는데, 이 질문에 아이들이 쉽게 답하지 못하는 이유는 그 이유가 복잡하기 때문이다. 공부를 안하는 이유는 공부할 마음이 생기지 않기 때문인데 그 마음이 생기지 않는 이유는 동기의 세 가지 요소인 '목표, 감정, 자기 믿음'이 없기 때문이다. 이 모두가 없을 수도 있고, 한 가지가 없을 수도 있다.

이 동기의 세 가지 요소 중에서 부모들이 좀 더 신경을 써야 할 요소는 '자기 신념'이다. 왜냐하면 아이들이 가지는 신념은 부모의 영향을 많이 받기 때문이다. '자기 신념'의 중요성을 잘 모르면 부모 본인이 자녀에게 하는 말이나 행동이 아이의 '자기 신념'에 어떤 영향을 줄지 생각하지 않고 행동하게 된다. 자녀가 학습에 대해 동기를 갖도록 하고 싶다면, 부모가 해줄 수 있는 가장 중요한 노력은 자녀가 자신에 대해 긍정적인 신념을 갖도록 돕는 것이다.

우리 아이는 동기를 도와주는 신념을 가지고 있을까?

배우고자 하는 동기를 가진 아이들은 배우는 사람인 자신을 믿는다. 잘 배울 수 있을 것이라는 기대감, 혹은 충분히 노력하면 할 수 있다는 자신감과 유능감을 가지고 있다. 반대로 동기가 없는 아이들은 다음과 같은 부정적인 자기 신념을 가지고 있기 쉽다. 혹시 우리 아이도 이런 부정적 신념을 가지고 있지 않은지 체크해보자.

동기를 방해하는 자기 신념 & 고정관념

- 나는 공부에 재능이 없다.

- 나는 남들보다 똑똑하지 않다.

- 지금 잘 못하면 앞으로도 잘 못할 것이다.

- 나는 선생님 때문에/부모님 때문에/친구 때문에 공부를 못한다.

- 나는 여자라서 수학을 못한다.

- 공부를 잘하는 것은 선천적인 능력이다.

- 공부는 나와 거리가 멀다.

나는 학습 코칭을 하면서 이런 신념에 꽉 붙들려 있는 학생들을 많이 만났다. 이런 신념은 분명 자기 스스로 만든 것인데 마치 외부에서 던진 덫에 걸린 듯 아이들은 그 안에서 옴짝달싹하지 못하고 있었다. 이 덫에 걸리면 아이들은 자신에 대해 성급한 판단을 하게 된다. 그리고 자신이 가진 가능성의 문을 스스로 일찍 닫아버리게 된다.

'나는 원래 공부를 못하는 아이야.'

이런 신념을 가진 중학교 2학년 아이가 있다고 생각해보자. 이 아이는 어떻게 해서 이런 신념을 가지게 되었을까? '신념'은 경험의 데이터가 쌓여 딱딱해진다. 학교 시험을 잘 보지 못했던 경험, "넌 왜 언니처럼 공부를 못하니?"라는 부모의 비교, "공부를 잘하는 아이들은 어릴 때부터 달라."라는 학원 강사의 이야기, '난 역시 공부가 힘들어.'라는 내적 대화. 이런 다양한 데이터들이 계속 쌓이면서 이 아이의 그 부정적인 신념은 계속 강화되었을 것이다.

학습 코칭에서 가장 어려운 부분 중 하나가 이미 너무 견고해진 부정적 신념들에 틈을 만들어 그 사이로 아이들이 가능성을 보도록 만드는 일이다. 이를 위해서는 그 신념들을 약화하고, 반대의 신념을 강화할 수 있는 새로운 경험 데이터가 필요하다. 위의 예시로 돌아가 보면 '어? 나도 노력을 하니까 공부를 잘하게 되네?'를 증명해주는 데이터가 필요하다. 가장 강력한 데이터는 뭐니 뭐니 해도 직접적인 '성공' 경험의 데이터이기 때문이다.

동기부여를 위한 긍정적 자기 신념으로 내가 가장 중요하다고 생각하는 것은 '자기 효능감'과 '성장 마인드'이다. 자기 효능감은 학습에 대한 강력한 예언 변인으로 알려져 있는데, 자존감과는 달리 좀 더 과제 의존적 혹은 맥락적이다. 자존감이 있어도 공부에는 효능감이 없을 수 있고, 영어 공부에는 효능감을 느끼는 아이가 수학 공부에서는 효능감을 느끼지 못할 수도 있다. 자기 효능감을 높이는 가장 강력한 에너지는 '과제 완수', 혹은 '직접적 증거'이기 때문에 어떤 영역에서 아이의 효능감을 높여주고 싶다면 그 영역에서 작은 성공을 해볼 수 있도록 도우면 된다. 구구단을 잘 외우는 것을 칭찬해주면 곱셈을 잘하게 되는 것이 그 흔한 예이다.

스탠퍼드 대학의 심리학과 교수인 캐럴 드웩Carol Dweck은 사람들이 자신의 재능과 능력에 대해 어떻게 생각하는지가 그 사람의 잠재력 개발에 큰 영향을 준다고 주장한다. 자신의 능력은 절대 바뀌지 않는다고 생각하는 '고정 마인드셋Fixed Mindset'을 가진 사람과 노력을 통해 능력이 바뀔 수 있다고 생각하는 '성장 마인드셋Growth Mindset'의 차이는 학습뿐만 아니라 인생을 바꾸어 놓을 만큼 강력하다.

또한《언락》(다산북스)의 저자이자 스탠퍼드 교육대학원 교수인 조 벌러Jo Boaler는 성장 마인드셋을 가져야 하는 이유를 신경 가소성neuroplasticity의 관점에서 설명하고 있다. 무언가를 새롭게 배울 때 우리의 뇌는 새롭게 조작되면서 뇌의 구조와 기능이 바뀐다. 이러한 뇌의 유연성은 그동안 많은 연구에서 입증되었음에도 불구하고 우리는 여전히 뇌가 고정되어 있다는 발상에 사로잡혀 있다. 조 벌러 교수는 우리가 '성장하는 뇌' 시대에 살고 있음을 기억하고, 가능성의 락lock을 풀라고 말한다. 뇌가 고정되어 있다는 발상은 이미 지나간 시대의 이야기이며 지금 우리는 '성장하는 뇌' 시대를 살고 있으니 특정 사람이 더 유능하다는 케케묵은 생각과 여기에 기반을 둔 교육은 모두 걷어치워야 한다는 것이다.

모든 사람은 평생 성장하니 무언가를 할 수 있는 사람과 할 수 없는 사람으로 결론짓듯 둘로 갈라서는 안된다. 이는 부모뿐만 아니라 아이들을 가르치는 교육자들도 새겨들어야 하는 조언이다.

우리 아이의 동기 동력 찾기

일반적으로 '사람들은 이럴 때 동기가 부여된다'라는 통념이 있지만, 사실 그런 통념이 모든 사람에게 적용되지 않는다. 사람마다 동기에 불을 지피는 요인이 다 다르기 때문이다.

그래서 나는 학습 코칭을 할 때 아이의 동기 동력을 찾는 일에 집중한다. 아이들에게 자신이 무언가를 스스로 해보고자 했던 경험을 떠올려 보도록 하고, 그때 왜 그 일을 그렇게 열심히 하고자 했는지 이야기를 들어본다. 그런 후에 아래의 그림을 보여 주고 이 중에서 자신의 동기 동력을 찾도록 하면 아이들은 무엇이 자신의 동력에 불을 지피는 동력인지 스스로 발견하게 된다.

Practice 나의 동기에 불을 지피는 것은 무엇인가?

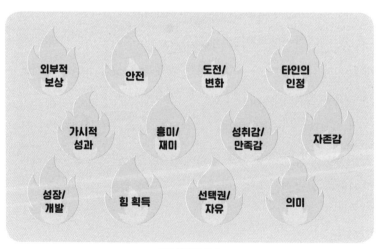

동기 동력의 예시

우리 아이가 어떤 동기 동력을 가지고 있는지 함께 이야기해보자. 아이의 동기 동력을 아는 것은 부모들에게 상당히 유용한 정보이다. 그것을 알면 아이가 학습에 대해 동기를 가질 수 있도록 도와주는 방향을 설정할 수 있기 때문이다.

아이의 동기 동력은 성향과도 밀접히 관련되어 있다. 예를 들어 관계 지향적인 성향을 가진 아이들은 타인의 인정이 동기 부여의 동력이 되고, 주도적인 성향을 가진 아이들은 자신이 선택권과 자유를 가질 때 더 동기 부여가 된다.

아이 성향	도움이 되는 방법	도움이 되지 않는 방법
주도적인 /고집이 센	권한 위임하기 성취에 대해 칭찬해주기 스스로 문제를 해결하게 해주기	간섭하기
의존적인 /소극적인	샘플(사례) 보여주기 모델 제시하기	무조건 자율성을 강조하기
경쟁적인 /욕심 많은	외부적 보상 제공하기 중간중간 성취감 느끼게 하기	가시적 결과나 보상을 보여주지 않기
자유로운 /충동적인	좋아하는 것과 함께하기 개성 존중해주기 새로움/재미 제공하기	일반적인 방법이나 틀을 강요하기
관계 지향적인 /감정적인	소속감 느끼게 하기 함께 공부하기 감정 읽어주기	감정 무시하기
이성적인 /분석적인	스스로 계획 세우게 하기	비교하기

앞의 표를 보면서 우리 아이의 성향에 맞는 동기 동력 촉진 방법을 생각해보자. 일반적으로 성향 자체가 소극적이고 의존적인 아이의 경우, 부모들은 아이가 공부하는 모습을 보고 답답해하는 경우가 많다. 예전에 내가 만났던 한 부모도 아이가 평소에 뭘 물어봐도 답을 잘 안 하고 자신의 감정 표현도 잘 하지 않으니 답답하고, 아이가 스스로 알아서 공부를 하지도 않는데 어떻게 하면 좋을지 모르겠다고 하소연을 했다.

소극적이고 의존적인 아이에게 "너는 왜 혼자서 못하니?"라는 말은 큰 부담이자 상처가 될 수 있다. 이런 아이는 오히려 모델링할 수 있는 대상을 만났을 때 마음이 편안해진다. 그러니 이런 아이에게는 무조건 혼자 하도록 강요하기보다는 다양한 사례나 모형을 자연스럽게 접할 기회를 만들어주는 것이 좋다. 그것을 보면서 '나는 어떻게 해볼까?'를 고민하는 과정에서 동기의 에너지가 생길 수 있기 때문이다.

아이들의 성향을 관찰하고 아이와 대화를 나누면서 동기 동력을 찾아보면 아이의 자기 주도 학습 잠재력을 깨울 수 있는 점화 포인트를 발견할 수 있을 것이다.

학습 전략을
적극적으로 활용하라

"온종일 열심히 삽질했는데 다시 흙으로 덮어두는 느낌이다."

언젠가 퇴근길에 지인이 이런 이야기를 했다. 우리는 일을 할 때 뿐만 아니라 무언가를 배울 때도 이와 비슷한 느낌을 경험한다. 그런데 우리 아이들도 공부를 하면서 종종 이런 경험을 한다.

'오늘 온종일 문제를 열심히 풀었는데 5쪽을 풀었다는 것 외에는 생각이 나는 게 없네.'

'오늘 열심히 수업을 들었는데 과학, 수학, 국어를 했다는 것 외에 생각나는 게 아무것도 없네.'

'아무것도 하지 않으면 아무 일도 일어나지 않는다'는 말이 있다. 공부할 때도 그냥 공부량을 채우기 위해 기계적으로 문제집을 풀고, '나는 그냥 들을게요.'라는 태도로 수동적으로 수업을 들으면 아이들의 머릿속에서는 아무 일도 일어나지 않는다.

자기 주도적 학습 능력을 갖춘 아이들은 '그냥 열심히' 삽질을 하는 것이 공부라고 생각하지 않는다. 순진하게 '시간과 노력을 투자해서 삽질을 하면 성적을 올릴 수 있을 것'이라고 믿지도 않는다. 이 친구들은 '성과가 나는 삽질'을 미리 계획한다. 그러기 위해 삽질을 하기 전후에, 그리고 삽질을 하면서 이런 질문을 스스로에게 던진다.

- 오늘은 나에게 어떤 삽질이 가장 시급하게 필요하지?
- 어떤 도구로 삽질을 해야 잘할 수 있을까?
- 삽질하기에 가장 적절한 시간은 언제일까?
- 내가 지급 삽질을 잘하고 있나?
- 내가 지금 삽질을 하면서 퍼내고 있는 게 뭐지?
- 지금 삽질이 잘 안 되는데, 왜 안 되는 거지? 그걸 어떻게 극복하지?
- 오늘 전체적으로 나의 삽질은 성공적인가? 내일은 어떻게 하면 더 잘할 수 있을까?

이것들은 모두 효과와 효율을 고민하는 전략적 질문이다. 공부도 결국은 전략이다. 자기 주도적 학습 능력이 있는 아이들은 구체적으로 다음에서 소개하는 'In 전략'과 'Out 전략', 'Meta 전략'을 활용한다.

In 전략 –
적극적으로 정보 처리를 한다

학습의 많은 부분은 정보의 입력, 즉 인풋Input으로 이루어진다. 교사의 설명을 듣고, 교과서의 내용을 읽고, 온라인 영상을 보는 등 다양한 정보의 입력을 통해 학습이 이루어지는 것이다. 그런데 그것을 어떻게 입력하느냐에 따라 학습 결과가 다르다.

예를 들어 40분 동안 온라인 강의를 들을 때 주어진 인풋은 같지만 아이들에 따라 학습이 일어난 정도는 다 다르다. 동영상 강의 내용을 시각과 청각만을 사용해서 영상의 흐름에 따라 그냥 들었는지, 아니면 자신의 '뇌'를 사용해서 적극적으로 그 내용을 이해하고 정리하면서 들었는지에 따라 학습의 결과는 확연하게 차이가 난다.

자기 주도 학습력을 갖춘 아이들은 정보를 처리하면서 다음 그림과 같은 적극적인 입력 활동을 한다.

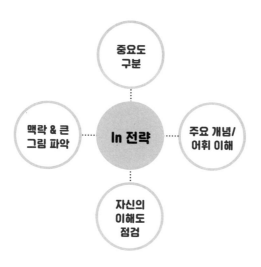

입력을 하면서 중요한 것과 덜 중요한 것을 구분하고, 학습하는 내용이 어떤 맥락 혹은 큰 그림 안에 속하는 것인지 더 큰 그림을 보려고 한다. 정보를 처리하면서 모르는 개념이나 어휘가 등장하면 그것을 꼭 이해하고 넘어가려고 하고, 학습을 하면서 스스로 자신이 제대로 이해하고 있는지를 중간중간 점검한다.

중요도를 구분하고 큰 그림을 보려고 하는 전략은 뇌에 학습할 수 있는 충분한 공간을 만들어준다는 의미에서 상당히 유용한 전략이다. 10가지를 학습한다고 할 때 '아, 이 세 가지가 중요한 내용이구나.'를 구분하게 되면 그 아이의 뇌 공간에는 커다란 3개의 정보가 들어가지만 10가지가 모두 중요하다고 생각하는 아이의 뇌에는 자잘한 10개의 정보가 들어가게 된다. 여러 개의 개념을 개별적으로 배우더라도 관련성을 파악하고 관련된 것을 연결시켜 큰 그림을 만들게 되면 그 아이의 뇌에는 큰 그림 하나가 들어가게 된다. 다시 말하면 중요한 것을 구분하거나 큰 그림을 보게 되면 엄청난 정보의 압축이 일어나는 것이다.

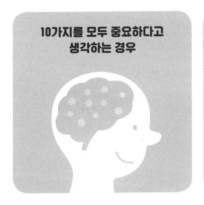

뇌과학과 교육학을 접목한 연구한 결과를 소개한 《언락》에서는 '뇌가 새로운 지식을 수용하려면 많은 공간이 필요하다'고 설명하는데, 새로 습득한 지식이 무엇을 뜻하는지, 이것이 기존의 생각과 어떻게 연결되는지를 뇌가 파악해야 하기 때문이다.

시간이 지남에 따라 우리가 학습한 개념은 압축되어 이전보다 작은 공간에 저장된다. 이렇게 뇌에 자리 잡은 생각은 우리가 그 생각을 해야 할 때 언제든 빠르고 쉽게 꺼내서 사용할 수 있다.

한마디로 자기 주도 학습 전략을 갖춘 아이들은 정보를 입력하면서 적극적으로 정보를 뇌가 잘 처리할 수 있도록 정리한다. 또한 이 아이들은 정보를 입력하면서 스스로 이해하고 있는지 아닌지를 점검한다.

새로운 개념을 만났을 때 많은 아이들이 교과서에 나온 설명을 후루룩 읽고 '아, 이런 뜻이구나.' 하고 넘어가지만, 학습력을 갖춘 아이들은 그 개념을 자신의 말로 다시 말해보거나 써본다. 그리고 모르는 어휘의 뜻을 찾아보거나 질문을 해서 모르는 부분을 해결한다. 학습을 마친 후에도 바로 책을 덮는 것이 아니라 잠시 머무르면서 무엇을 이해했는지, 무엇을 이해하지 못했는지를 확인해보는 습관을 지니고 있다.

그렇다면 부모들은 아이들이 이런 In 전략을 키울 수 있도록 어떻게 도울 수 있을까? 처음부터 아이 스스로 이런 방법을 찾기는 어려울 수 있다. 그러므로 누군가가 이런 전략을 소개해주고 습관을 기를 수 있도록 도와주는 것이 좋다.

[코칭 방법]

- 다음 표에 있는 '셀프 질문'은 아이들이 학습을 하면서 스스로 던져볼 수 있는 질문이다. 초등학생의 경우 부모가 학습 코치가 되어 다음 질문들을 던져주면 좋다. 중·고등학생의 경우 다음 질문들을 스스로 해볼 수 있도록 부모가 안내해준다.
- 다음 표에 있는 '구체적인 방법'은 적극적인 정보 처리에 도움이 되는 학습 전략들이다. 초등학생의 경우 구체적인 학습 방법을 시범이나 예시를 통해서 안내해주면 좋고, 중·고등학생의 경우

방법을 안내하고 자신이 선택하여 한 가지씩 실천해보고 스스로 유용성을 발견하도록 하면 좋다.

Practice 셀프 질문하기

In 전략	셀프 질문	구체적인 방법
• **중요도 구분** 학습 내용을 중요한 것과 덜 중요한 것으로 구분	• 여기서 중요한 정보가 무엇이고 중요하지 않은 정보는 무엇이지? • 중요한 것과 중요하지 않은 것을 어떻게 구분해서 표시할 수 있을까?	• 학습한 내용을 중요도 상/중/하로 스스로 나누어 보기 • 글을 읽으면서 중요한 부분은 따로 표시하기 • 오늘 배운 것 중에 꼭 알아야 할 3가지 정리하기
• **맥락&큰 그림 파악** 지금 어떤 맥락 혹은 흐름 안에서 이것을 학습하고 있는지 파악	• 내가 지금 배우는 것은 이전에 배운 것과 어떻게 연결되지? • 지금 내가 배우는 게 각각의 방이라면, 이것을 담고 있는 집은 뭐가 될까?	• 이전에 배운 내용과 새로 배운 내용의 관계 찾기 • 학습한 내용의 구조도/관계도 그려보기
• **주요 개념/어휘 이해** 핵심 개념이나 어휘를 이해하고 넘어가려고 노력	• 이게 구체적으로 무슨 의미이지? • 내가 이 뜻을 정확하게 알고 있나?	• 내 말로 정리해보기 • 개념 노트/어휘 노트 만들기
• **자신의 이해도 점검** 자기가 어느 정도 이해하고 있는지 점검	• 내가 몇 % 정도 이해했지? • 확실하게 이해되지 않는 게 뭘까?	• 온도계 형식으로 나의 이해도 파악하기 • 이해가 안 되는 부분 따로 정리하기

Out 전략 –
주기적으로 인출하고 정교화한다

'분명히 다 알고 있었는데 왜 답을 못 썼지?'

시험을 보고 나서 많은 학생이 이런 생각을 한다. 분명히 시험공부를 할 때는 다 알고 있다고 생각했는데 막상 시험지를 보면 머릿속이 하얘져서 답을 못 쓰는 것이다.

학습의 많은 부분이 정보를 입력하는 활동으로 이루어지는데, 계속 입력만 하고 아는 것을 꺼내 보는 활동을 하지 않으면 입력된 것이 내 머릿속에 고스란히 남아있다고 착각하게 되고, 언제든 자신이 배운 것을 설명하고 표현할 수 있다고 착각하게 된다.

자기 주도 학습력을 갖춘 아이들은 이런 착각의 늪에서 빠져나가는 방법을 안다. 그 방법은 바로 정교화 전략이다. 정교화 전략이란 자신이 학습한 것을 지속적인 출력 활동이나 연습 활동을 통해 정교화하기 위해 활용하는 전략이다. 학습에 효과적인 정교화 전략에는 다음과 같은 전략이 있다.

적극적으로 아는 것을 인출해보는 전략

앞서 In 전략들이 정보를 입력하는 차원에서 활용되는 전략이었다면 인출 전략은 배운 후 그것들을 꺼내 놓는 전략이다. 배운 것을 자기 방식으로 정리해보거나, 말이나 글로 요약을 해보거나, 혹은 학습한 내용을 마인드맵 등을 활용해서 시각적으로 표현해보는 방법 등을 활용한다. 이렇게 꺼내 놓는 이유는 학습한 것을 정리하면서 학습 내용을 다시 복습하려는 목적도 있지만 궁극적으로는 더 중요한 것이나 자신이 잘 모르고 있는 부분을 찾기 위해서이다.

셀프 질문	전략
내가 학습한 걸 한번 내 방식으로 정리해볼까?	정리하기
주요 내용을 요약해볼까?	요약하기
시각적으로 표현해볼까?	시각화하기

아는 것을 더 정교화해보는 전략

배운 것을 주기적으로 꺼내 놓으면서 아이들은 어떤 부분이 헷갈리는지, 혹은 어려운지에 대해 더 명확하게 알게 된다. 그리고 더 잘 알고 싶다는 욕구가 생긴다. 이것이 공부를 잘하게 만드는 중요한 포인트이다. 아는 것을 더 정교화하는 데 효과적인 전략으로는 타인에게 설명하기, 내용 구조화하기, 스스로 문제 내고 답을 적어보기 등이 있다.

정교화 전략을 활용하는 친구를 보면서 다른 아이들은 '뭐 굳이 저렇게까지 하지?'라고 생각할지도 모른다. 그러나 스스로 공부를 하는 습관을 지닌 아이들은 누군가 시키지 않아도, 외부적인 필요성이 없어도 자신의 학습을 좀 더 다듬어가고자 한다.

셀프 질문	전략
내가 아는 것을 다른 사람에게 한번 설명해볼까?	타인에게 가르치기/설명하기
이것들 간의 관계를 한번 정리해볼까?	구조도/관계도 그리기
내가 문제를 한번 내볼까?	예상 문제 만들고 모범 답안 써보기

타인에게 설명하기 전략을 잘 활용하도록 돕기 위해 나는 아이에게 이런 질문을 자주 한다.

"지원아, 오늘 배운 것 중에서 기억에 남는 것을 엄마한테 3분 동안만 설명해주겠니?"

때로는 말로, 때로는 칠판에 그림을 그리며 설명을 하는 과정에서 아이는 자기가 배운 것을 다시 한 번 정리하게 된다.

아이가 자기 주도 학습력을 갖추도록 하고 싶다면 평소에 아이가 어떻게 학습을 하고 있는지 자세히 관찰해보자. 혹시 온라인 수업을 듣는 것만으로, 혹은 교과서를 한번 후루룩 읽어보는 것만으로 '나는 공부를 다 했어요.', '나는 이제 다 알아요.'라는 생각을 하고 있지는 않는가? 아이에게 학습에서 정보를 받아들이는 것과 그것을 자신의 것으로 만들어가는 과정은 별개의 과정임을 알려주어야 한다. 그리고 정보를 받아들이는 데 쓴 시간만큼 그것을 인출하는 데도 시간을 들이는 습관을 지니도록 도와주자.

아이 관찰 포인트

- 우리 아이는 평소에 인출 연습을 하고 있을까?
- 어떻게 공부한 것을 어떻게 정리하고 있을까?
- 아는 것을 정교화하기 위해 어떤 방법을 활용하고 있을까?

[코칭 방법]

- 아이가 학습한 내용을 글·표·그림의 형태로 정리해보도록 하고, 어떤 형태로 정리했을 때 가장 자신에게 도움이 되는지 알아보도록 한다.
- 뉴스 기사나 잡지의 다양한 인포그래픽(Infographic : 정보를 시각적으로 정리한 것) 사례를 보여주고, 머릿속 생각을 시각화해서 정리하는 연습을 해보게 한다.
- 초등학생의 경우 배운 것을 선생님이 되어 부모에게 설명해보게 하고, 중학생의 경우 배운 것을 타인에게 설명하는 방식으로 녹음을 해서 들어보게 한다.

Meta 전략 - 내 학습은 내가 감독한다

EBS의 다큐멘터리 프로그램 〈학교란 무엇인가〉의 '0.1%의 비밀' 편에서 공부를 잘하는 학생들의 비결을 탐구한 적이 있었다. 이 프로그램에서 밝힌 0.1%의 비결은 바로 '메타인지metacognition'였다. 메타인지는 '생각에 관한 생각'을 의미하는데, 쉽게 설명하면 '내가 알고 있는 것과 모르고 있는 것을 이해하는 능력'이다.

다큐멘터리에 나온 실험에서 상위 1%의 아이들은 자신이 기억하는 단어의 수를 거의 정확하게 예측했고, 일반 아이들은 자신이 예상한 수와 실제 기억한 단어의 수가 아주 달랐다. 자신의 실력을 정확하게 파악하는 능력은 메타인지와 깊은 관련이 있다. 로버트 스턴버그Robert Sternberg 교수는 '학업은 자신의 실력과 가능성, 그리고 공부 과정을 다시 반성하고 그걸 통해 문제 해결 방법을 찾아가는 능력인 메타인지와 깊은 관련이 있다'고 말한다. 메타인지 능력을 갖춘 아이들은 자신의 능력을 정확하게 파악할 뿐만 아니라 그 파악을 바탕으로 자신의 학습을 스스로 관리한다. 메타인지가 학습의 전체 과정에서 총감독의 역할을 하는 것이다.

메타인지 전략의 연구가인 존 플라벨John Flavell에 따르면 메타인지가 감독하는 것은 크게 '사람, 과제, 전략'이다.

사람 관리

메타인지를 잘 활용하는 아이들은 학습자로서 자기 자신을 잘 관리한다. 학습을 하는 단계에서는 자신에게 필요한 지시를 하고 점검을 하도록 촉구하며, 학습이 끝난 후에는 평가를 하도록 촉구하는 역할을 하는 것이 메타인지이다.

임파워먼트empowerment는 어떤 사람에게 자율성이나 결정권을 제공하여 그 사람에게 힘을 부여하는 것을 의미하는데, 메타인지 전략을 활용하는 아이들은 자기 스스로에게 힘을 부여하는 셀프 임파워먼트 습관을 지니고 있다. 기본적으로 이 아이들은 자기 자신이 학습할 힘을 가지고 있다고 믿고, 노력하면 성장할 수 있다는 믿음을 가지고 있다. 메타인지를 활용해서 사람 관리를 잘하는 아이들은 크게 자기 동기 부여와 스트레스 관리를 잘한다.

자기 동기 부여 : 나를 어떻게 격려하지?

스트레스 관리 : 학습 스트레스를 어떻게 관리하지?

자기 주도적으로 학습을 잘하는 아이들을 보면 스스로 자신에게 동기 부여를 잘한다. 자신이 무엇으로 힘을 얻는지에 대해서 잘 알고 있고 이 지식을 셀프 임파워먼트에 적극적으로 활용한다. 그런 의미에서 메타인지는《다섯 가지 미래 교육 코드》에서 소개한 자기력과 상당히 밀접한 관련이 있다. 자기 자신을 이해하고 사랑하는 능력인 자기력을 갖추게 되면 그것이 학습할 때 학습에 필요한 메타인지 능력으로 발현될 수 있다.

어떤 아이들은 임파워먼트를 위해 스스로 자기 칭찬을 하기도 하고 다이어리에 힘이 되는 말을 적어 놓기도 하며 책상 앞에 좋아하는 명언을 붙여 놓기도 한다. 이전에 어떤 학생의 플래너를 본 적이 있었는데 다음과 같은 자기 긍정 메시지가 플래너 구석구석에 적혀 있던 것이 놀라웠다.

'오늘도 핸드폰 보는 시간 줄였다. 잘했어.'
'오늘 수업 시간에 집중 잘했어!'

사람으로부터 동기부여를 받는 아이들은 그 사람을 자신의 롤모델을 정해서 그의 멋진 모습을 따라가 보려고 하기도 하고, 힘이 되어 주는 책이나 영상을 찾아보기도 한다. 그리고 임파워먼트를 위해 다른 사람에게 적극적으로 도움을 구한다. 내가 학습 코칭을 진행하면서 발견했던 흥미로운 사실 역시 학습에 동기가 있는 학생일수록 전략 사용에 더 관심이 있고 다른 사람에게 도움을 청하는 일에도 적극적이라는 것이었다.

메타인지를 활용해서 자기 관리를 잘하는 아이들은 스스로 스트레스 관리를 하는 데도 적극적이다. 자신이 언제 동기부여가 되는 것을 아는 것만큼 중요한 것이 자신의 감정 상태를 잘 알고 스트레스에 대처하는 자기만의 방법을 아는 것이다.

학습은 인지 활동이기도 하지만 감정 활동이기도 하다. 아이는 부정적인 감정이나 불안한 감정에 휩싸이면 전두엽 활동에 영향을 받는다. 스스로 동기를 부여하고 자신의 스트레스를 관리하는 것은 부모가 대신해줄 수 있는 것이 아니다. 그러나 아이가 임파워먼트 전략을 찾아갈 수 있도록 "공부가 하기 싫을 때 너한테 어떤 긍정 메시지를 보내면 힘이 날까?"와 같은 질문을 해주거나 객관적 관찰을 통해 "너는 잠을 푹 자고 나면 기분이 좋아지는 것 같아."와 같이 아이에 대한 정보를 제공해주는 것은 도움이 될 수 있다.

과제 관리

메타인지 전략을 활용하는 아이들은 문제를 풀거나, 단어를 외우거나 하는 학습 과제를 할 때 적극적으로 과제와 상호작용을 하면서 자신의 이해를 관리한다. 적극적으로 상호작용을 하는 방법으로 많이 활용되는 방법이 다음 과제 모니터링과 자기와의 대화이다.

1) 과제 모니터링

과제 모니터링은 과제를 해나가면서 과제의 난이도, 필요한 시간, 개인적인 어려움 등을 적극적으로 파악하는 것이다. 그냥 수동적으로 과제를 하는 것이 아니라 난이도를 분석하고, 과제들을 비교하면서 어떤 것이 상대적으로 더 쉽고 어려운지를 평가하고, 과제를 할 때 시간이 얼마나 걸리는지, 무엇 때문에 시간이 지연되는지 파악하는 것이다. 다음의 예시처럼 과제를 하면서 스스로 모니터링을 한 내용을 정리해보는 습관을 지니면 좋다.

과제 : e-학습터로 온라인 강의 듣기(국어 과목)

1 평균적으로 걸리는 시간 : 25~30분

2 흥미도 : 상 □   중 ☑   하 □

   이유 : 영상이 너무 길다(나는 긴 영상에 집중을 못 한다).

3 난이도 : 상 ☑   중 □   하 □

   어떤 부분이 어려운가, 쉬운가?

   특별히 외울 것이 없어 쉬운데 글을 쓰는 것이 어렵다.

4 집중도 : 상 □   중 □   하 ☑

   집중력을 방해하는 요소 : 지루함

5 잘하기 위해서 필요한 점 :

   20분 이상 영상을 집중해서 보는 능력을 키워야 할 것 같다.

2) 자기와의 대화(self-speech)

EBS 다큐멘터리 〈왜 우리는 대학에 가는가〉의 '말문을 터라' 편에서 재미있는 실험을 했다. 학생들을 조용한 공부방과 말하는 공부방, 두 그룹으로 나누어서 공부하게 하고 어느 팀이 더 시험을 잘봤는지 알아보는 실험이었다. 모두의 예상과는 다르게 말하는 공부방 학생들의 시험 결과가 더 좋았다. 왜 말하는 공부방에서 학습한 아이들이 시험을 더 잘 보았을까? 그 답은 메타인지와 관련이 깊다.

말하는 공부가 효과적인 이유는 말을 하면서 메타인지가 활성화되기 때문이다. 자기 주도적으로 학습을 하는 아이들은 과제를 하면서 계속 확인, 점검, 계획, 평가 등을 하는데, 이때 자기와 대화를 하는 것이 효과적이다.

'어, 이건 처음 보는 단어인데.' (확인)

'아, 이렇게 두 가지가 연결되는 거구나.' (점검)

'그림을 그리면서 정리하는 방법을 써볼까?' (계획)

'아, 내가 이 부분을 제대로 이해하지 못한 것 같네.' (평가)

우리는 종종 아이들에게 말을 하지 말고 조용히 공부하라고 이야기를 하는데, 이것은 아이들이 셀프 스피치를 통해 메타인지 전략을 활용할 기회를 빼앗는 것과 같다. 오히려 부모는 아이들이 스스로와 대화를 하면서 공부를 할 수 있도록 격려하고 모델링을 해주어야 한다.

전략 관리

마지막으로 메타인지는 자신에게 필요한 전략을 탐색하고, 활용한 전략이 효과적인지 평가하고, 더 효과적인 다른 전략을 탐색하도록 돕는다.

- 어떤 전략을 쓰면 잘할 수 있을까?

- 내가 쓴 방법이 효과적인가?

- 다른 좋은 방법으로는 뭐가 있을까?

　자기 주도적 학습을 하는 아이들은 시험을 보고 나서 본인이 왜 시험을 잘 봤는지 혹은 왜 못 봤는지 원인을 적극적으로 분석하고 보완책을 찾으려고 한다. 아직 이런 전략을 갖추지 못한 아이들의 경우 시험을 보고 나서 부모가 아이와 함께 다음의 체크리스트를 활용해서 점검해봐도 좋다.

원인	전략	확인
학습량	평소에 수업을 열심히 듣지 않았다.	
	시험 범위를 다 공부하지 못했다.	
이해력	주요 개념을 충분히 이해하지 못했다.	
	필요한 내용을 암기하지 못했다.	
	응용이나 적용을 하지 못했다.	
인출/정교화 연습	다양한 문제를 풀어보지 못했다.	
	아는 것을 내 것으로 정리하지 못했다.	
실수	시험 문제를 제대로 읽지 못했다.	
	단순한 실수를 했다.	
기타		

자기 주도 학습과 관련된 선행 연구에 따르면 전략을 많이 활용하는 학생일수록 전략과 관련하여 도움을 요청하는 데에도 적극적이다. 전략에 대한 도움을 요청한다는 것은 전략의 유용성을 안다는 의미이다. 가장 비효율적인 학습자는 안 되는 방법을 고수하는 학습자이다. 따라서 자기 주도 학습력을 갖추는 것을 도와주려면 학습도 전략이라는 사실을 알려주고, 다양한 방법을 활용하도록 촉구하고, 자신에게 맞는 전략을 아이가 찾아낼 수 있도록 안내해 주어야 한다.

자신의 학습 매니저가
되게 하자

자기 주도 학습력의 완성은 바로 '자기 관리'이다. 자기 주도 학습을 잘하는 아이들은 스스로가 자신의 학습 매니저가 된다. 학습 매니저가 되어 계획을 세우고 그것을 실천하기 위해 시간 관리를 하며 학습을 위한 외적 내적 환경도 관리한다. 비유하자면 '학습이란 정원에 꽃을 심고 물을 주는 정원사'의 역할을 하는 것이다.

계획을 세우고 점검하라

자기 주도 학습력이 높은 아이들에게 있어 '계획'을 세우고 점검하는 일은 필수 활동이다. 자녀가 중학교 1학년이 되기 전에 학습 계획을 세우도록 도와주면 좋은데, 계획을 세우는 방법과 관련해서도 학습이 필요하다.

경험이 없는 아이들에게 학습 계획을 세우게 시켜보면 종종 다음과 같은 실수를 한다. 자녀가 학습 계획을 세우면서 이런 실수를 하고 있다면 개선 방법을 참고해서 계획을 잘 세울 수 있도록 도와주자.

많이 하는 실수	개선 방법
시간에 대한 고려 없이 자신이 해야 할 일만 나열한다.	할 일 중심이 아닌 시간의 활용 중심으로 계획을 세운다.
얼마나 시간이 걸릴지를 고려하지 않고 단순하게 몇 시에 무엇을 하겠다고 계획한다.	각 활동에 시간이 얼마나 걸릴지를 생각하며 계획을 세운다.
학습의 우선순위 혹은 효과성을 고려하지 않고 계획을 세운다.	우선적으로 해야 할 것을 먼저 할 수 있도록 계획한다. 어떤 순서로 학습을 해야 자신에게 효과적인지(예:수학→국어→영어) 관찰해서 순서를 정한다.
자신이 쓸 수 있는 가용 시간을 생각하지 않고 계획을 세운다.	자신이 마음대로 쓸 수 있는 가용 시간이 얼마나 있는지 알고 계획을 세운다.
쉬는 시간이나 실천 가능성을 생각하지 않고 빡빡하게 계획을 세운다.	반드시 계획에 쉬는 시간을 넣고, 예상 시간과 맞지 않는 경우를 대비해서 여유 시간을 포함한다.

계획을 세우는 것도 중요하지만 더 중요한 것은 그것을 실천하고 점검하는 것이다. 학생들에게 학습 코칭을 할 때 계획을 세워보자고 하면 "저 그거 해봤는데 효과가 없었어요." 하고 말하는 아이들이 많다. 그러나 계획을 세우고 실천하는 것을 자신의 방식으로 습관화시키지 못하고 초반에 포기한 아이들이 이렇게 말하곤 한다.

자신이 계획한 것을 실행해보고 되는 부분과 안 되는 부분을 찾아 수정해나가면서 자신만의 방법을 만드는 데까지는 시간이 걸린다. 그러나 일단 이렇게 자신만의 방법을 만들게 되면 계획을 하는 일 자체에 즐거움을 느낄 뿐만 아니라 성취를 통한 만족감을 느껴서 더 잘하게 되는 동력이 된다.

따라서 학습 계획을 세울 수 있도록 도와주는 것도 중요하지만 그 계획을 잘 실천했는지 스스로 점검하게 도와주는 것도 필요하다. 계획을 세우고 점검하는 일은 아이가 결국 스스로 해야 하는 일이지만, 처음 해보는 아이의 경우 이 과정에서 무엇을 신경 써야 하는지에 대해 부모가 안내해주면 좋다.

[코칭 방법]

• 아이가 학습 계획을 스스로 세워보도록 하고, 앞의 표에서 제시한 '개선 방법'을 참고하여 어떤 부분을 보완하면 좋을지 안내해준다.

• 계획한 내용을 얼마나 실천했는지 점검해보도록 한다. 이때 계획대로 잘 되었는지 잘 안 되었는지 그 이유를 구체적으로 찾아

보고 다음에 계획을 세울 때 무엇을 보완하면 좋을지 생각해보게 한다.

- 계획한 것을 잘 실천하려고 하는 자녀의 노력을 칭찬해준다.

시간을 관리하라

《다섯 가지 미래 교육 코드》출간 후 한 고등학교 교사들이 미팅을 요청해 온 적 있었다. 학교에서 LSPLife Scale Planning라는 프로그램을 운영하면서 아이들이 자기 경영 역량을 키울 수 있도록 돕고 있는데,《다섯 가지 미래 교육 코드》에서 이야기한 역량과 LSP 프로그램에서 키워주고자 하는 역량이 일치해서 너무 반가웠다는 것이었다. LSP 프로그램에서 교육하는 것 중 하나가 플래닝 교육인데, 그 학교를 방문해서 아이들이 직접 작성한 플래너를 보고 정말 깜짝 놀랐다.

촘촘하게 학습 계획을 잘 세우고 있는 것에도 놀랐고, 자신의 시간 관리에 대해 구체적으로 셀프 피드백을 하는 것에도 놀랐다.《어? 진로를 잡으니 학종이 보이네!》(곽충훈 외, 애플씨드북스)는 이 아이들이 직접 작성한 플래너의 예시와 실천 사례를 자세히 소개하고 있는데, 고학년이 될수록 이 책에 소개된 다음의 예시처럼 자투리 시간과 여유 시간을 어떻게 쓸지에 대해 계획을 세우는 것이 필요하다.

가용시간 작성

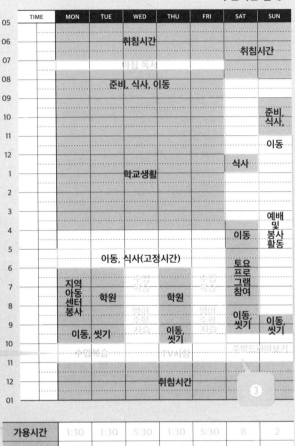

주간시간 설계표

가용시간	1:30	1:30	5:30	1:30	5:30	8	2
자주학시간	1:30	1:30	4:00	1:30	4:00		

셀공시간 설계표 정리

1. 고정시간 작성	
2. 가용시간 기록	❶ 색깔펜을 사용하여 명확히 표시
	❷ 가용시간 기록
	❸ 가용시간에 할일 작성
	❹ 자기주도학습(자주학) 시간 표시

Daily Feedback

	잘된 점	미흡한 점	대책
Mon	동사 발표 기획 완료 → 어제 빨리 잠들어서 아침에 가뿐히 일어나 목표 분량 완료함.	수학 1시간 초과 → 14p할 때 예상시간 도달. 수업시간에 졸아서 이해 시간이 많이 걸린것 같다.	앞으로 밤에 빨리 자자 ★ 수업 때 졸면 이해하는데 시간이 많이 걸림을 알게 됨. → 수학 수업 전에 잠시 잠을 자서 수업시간은 절대 졸지 말자.
Tue	실천과정에서 잘된 점 목표 성취한 것 → 잘한 이유 분석	실천이 미흡한 것, 시간 초과 등 달성하지 못한 것 → 원인 분석	잘한 부분은 → 발전 시키고 못한 부분은 → 원인을 분석한 것을 바탕으로 대안을 마련 → ★ 표해서 마음에 새기기

출처 : 《어? 진로를 잡으니 학종이 보이네!》(애플씨드북스)

자투리시간 계획

언제	할 일
쉬는 시간 점심시간 이동시간	수학문제 풀기 낮잠 영어 단어 외우기

여유시간 계획

언제	하고싶은 일
토요일 저녁 18시~22시	미흡한 일 마무리한 후 만화책 보기

'10분도 공부할 수 있는 시간이다.'

'10분 동안 공부해도 소용없다.'

지금 우리 아이는 어떻게 생각하고 있을까? 많은 아이가 '시간이 별로 없으니 지금은 공부를 못하겠네.'라는 생각을 가지고 자투리 시간을 낭비한다. 그러나 자투리 시간도 소중하게 활용할 수 있어야 제한된 시간을 최대로 활용할 수 있다.

시간을 잘 관리하기 위해서는 자신의 시간 활용 패턴을 잘 알고 있어야 한다. 자신이 평소에 시간을 어디에 많이 쓰고 있는지, 어떤 부분에서 불필요하게 시간을 뺏기고 있는지를 스스로 모니터링할 수 있어야 한다. 이를 도와주기 위해 다음과 같이 일주일 동안 자신이 어떤 활동에 어느 정도 시간을 쓰고 있는지 체크해보도록 하면 좋다.

내용	월	화	수	목	금	토	일
잠							
휴대전화 활용							
게임							
친구랑 카톡하기							
유튜브 보기							
TV 보기							
숙제하기							
개인 공부하기							
취미 생활하기							
독서하기							
기타							

이렇게 시간 활용 패턴을 모니터링해보고 자녀와 각 활동에 어

느 정도 시간이 적당한지에 대해 함께 이야기를 나누어 정해보자. 부모가 일방적으로 시간을 정해서 지키도록 강요하기보다는 아이 스스로 적정 시간을 정하고 그것을 지켜갈 방법을 생각해보는 것이 좋다.

시간 관리와 관련해서 부모들이 꼭 알아야 할 것은 시간을 잘 활용하고 싶은 동기가 있어야 아이가 시간 관리를 스스로 한다는 것이다. 한 지인의 초등학생 자녀는 아침 8시면 혼자 일어나 원격 수업을 얼른 완료하는데, 이렇게 아침 일찍 일어나 수업을 듣고 숙제를 완료하는 이유가 오후에 본인이 하고 싶은 일을 하면서 자유롭게 놀기 위해서라고 한다. 이 아이에게는 시간을 잘 쓰고 싶은 개인적인 목표가 있는 것이다.

시간 관리를 잘하는 아이들은 시간을 잘 써서 자신의 학습 계획을 성공적으로 달성해보고 싶다거나, 시간을 잘 써서 '내가 하고 싶은 일'을 하는 시간을 더 많이 확보하고 싶다거나 하는 개인적인 목표가 있고, 시간을 잘 썼을 때 자신에게 올 이익이 무엇인지를 잘 안다.

[코칭 방법]
- 아이가 자신의 시간 활용 패턴을 모니터링해보도록 돕는다.
- 시간을 잘 관리하면 좋은 점이나 시간을 잘 관리하고 싶은 개인적인 이유에 대해 아이와 이야기를 나누어본다.

내적 외적 환경을 관리하라

자기 관리를 잘하는 아이들은 내적 외적 환경을 자신의 학습에 도움이 될 수 있도록 관리한다. 《타이탄의 도구들》(팀 페리스, 토네이도)에서는 성공하는 사람들이 가진 여러 가지 습관을 소개하는데, 그중 하나가 아침에 일어나서 이부자리를 정리하는 습관이다. 얼핏 보기에는 아주 사소한 습관으로 보이지만 이부자리를 정리하는 것으로 아침을 시작한다는 것에는 강력한 메시지가 숨겨져 있다. 그것은 바로 하루를 정돈된 상태로 시작한다는 것이다.

학습을 할 때도 마찬가지이다. 공부를 잘하는 아이들의 공통점 중 하나는 책상이 잘 정돈되어 있다는 것이다. 정돈되어 있다는 것은 깔끔하게 치워져 있는 상태를 의미하는 것이 아니라 자신이 바로 학습의 상태로 들어갈 수 있도록 필요한 것들이 제자리에 놓여 있다는 것을 의미한다. 즉 책상에 앉아서 필요한 것을 찾는 데 시간을 낭비하지 않을수록 공부 효율이 높아진다.

책상 정리를 예로 들었지만 자기 관리를 잘하기 위해서는 여러 가지 환경을 자신의 학습에 도움이 되는 방향으로 세팅할 수 있어야 한다. 초등학교 저학년의 경우 책상을 스스로 정리할 수 있도록 도와주고, 초등학교 고학년이나 중학생들의 경우 학습에 방해가 되는 요소들(스마트폰 등)을 어떻게 관리하면 좋을지 스스로 생각해보고 실행할 수 있도록 도와주자.

자녀와 함께 학습에 도움이 되는 이상적인 환경을 생각해보고 필요한 리스트를 작성하는 것도 좋은 방법이다. 이상적인 환경과 현재의 환경이 어떤 차이가 있는지 비교해보고, 어떤 부분을 보완하면 학습에 유리한 환경으로 만들 수 있는지 함께 찾아가 보도록 하자.

LIFE DES IGN

Chapter 7

자기 삶을
스스로 디자인하라

평균 종말의 시대에 필요한
자기 디자인

코로나19라는 바이러스는 우리 삶의 아주 작은 부분까지 바꾸어
놓았다. 경제, 사회, 교육, 의료 등 각 부분에서 이전과는 다른 '뉴노
멀'이 생겨났다. 사회적 거리 두기, 재택근무, 원격 교육, 언택트 소비,
무관중 스포츠 경기 등 이전에는 노멀하지 않았던 것들이 이제는
노멀하게 되었다. 노멀과 뉴노멀의 경계가 흐려지고 새로운 뉴노멀이
계속 생겨나는 시대에 살아갈 우리 아이들은 기존의 기준이나 평균
적인 잣대에 갇혀서는 앞으로 나아갈 수 없다. 유연성과 도전정신,
주도성을 가지고 자기만의 '노멀'을 만들어가야 한다.

평균과 안정이라는
무거운 굴레

《평균의 종말》(21세기북스)의 저자 토드 로즈Todd Rose 교수는 자신이 학창 시절 전형적인 부적응자였다고 고백하였다. 초등학교 내내 문제 행동으로 어려움을 겪었고 고등학교 때도 정학을 당하다가 결국은 평점 0.9를 받아 중퇴했다. 그러나 다행히도 중퇴 후 그를 믿어주고 지지해주는 멘토들을 만났고 그들 덕분에 다시 용기를 얻어 대학에 입학하여 마침내 하버드 대학의 교수가 되었다. 그리고 현재는 아이들의 개별성을 인정하고 살려주는 교육에 대해 연구를 하는 개개인의 기회 센터Center for Individual Opportunity의 공동 설립자이자 연구자로 활동 중이다.

어린 시절 토즈 로즈와 같은 아이들이 우리 학교 안에도 많이 있다. 학교에서 정한 평균에 맞지 않는다는 이유로, 다른 꿈을 꾼다는 이유로, 다른 생각을 한다는 이유로 '문제아'라는 꼬리표를 달게 되는 아이들이 존재한다. 이들 중에서는 외부에서 요구하는 틀에 적응하는 법을 애써 배우느라 학창 시절을 우울하게 보내는 아이도 있고, 그 노력이 부질없음을 알고 일찌감치 포기하는 아이도 있다. 이들 모두가 각자의 개별성을 인정해줄 수 있는 환경에 있었다면 달라질 수 있는 아이들이다.

토드 로즈 교수는 평균이라는 잣대를 가지고 자신을 다른 사람들과 비교하고 평가하는 것을 거부하고 각자가 가진 독특한 개별성을 인정해야만 개인의 잠재력을 개발할 수 있다고 강조한다. 그의 개별성에 대한 연구를 보면 모든 사람은 학습 방식이나 속도, 세상을 바라보는 방식 등 여러 가지 면에서 다르다는 것을 다시 한번 확인할 수 있다.

"당신의 아이가 다른 아이들과 비슷했으면 좋겠나요, 다르면 좋겠나요?"

학부모 교육에서 이 질문을 하면 부모들은 선뜻 답하지 못한다. 사실 이 질문은 대답하기 까다로운 질문이다. 대부분의 부모는 자녀가 다른 아이들과 너무 다르지도 않고 너무 비슷하지도 않았으면 좋겠다고 말한다. 이것은 부모가 가지게 되는 어쩔 수 없는 딜레마이다.

다른 아이와 크게 다르지 않았으면 좋겠다고 답한 이유를 한 부모에게 물었더니 "아이가 안정적인 삶을 살았으면 좋겠어요." 하고 대답했다. 그리고 그 이유를 "남들이 가는 길을 따라가면 그렇지 않은 것보다 안정적이지 않을까요."라고 설명했다.

아직 우리 사회에서는 '다르다'는 것이 종종 '불편하다' 혹은 '두렵다'라는 감정을 불러일으킨다. 그래서 사회는 은연중에 우리에게 학교, 직업, 인생에서 성공하려면 협소한 기대를 따르라고 강요하고, 그에 따라 우리는 다른 사람과 비슷해지려고 노력한다.

남들과 다른 길을 간다는 것은 현재 우리 사회에서는 아이에게

나 부모에게나 큰 용기를 내야 하는 도전인 셈이다. 그러나 이제는 자녀의 미래를 위해 기꺼이 '달라질 수 있는 용기'를 내야 한다. 계속 안정적인 것만을 추구하며 평균의 길에서 우물쭈물하게 되면 자녀를 미래로 멀리 날려 보내지 못한다.

평균에 대한 집착에서 벗어나야 하는 이유

이제 부모도 아이도 평균에 대한 집착에서 좀 더 자유로워야 한다. 그 이유는 다변화하는 사회에서 그동안 '평균'이라는 것이 주던 사회적 가치가 점점 더 약해지고 있기 때문이다. 남들만큼 공부를 잘하면, 남들처럼 대학을 가면, 남들처럼 취직을 하면… 이렇게 뭔가 남들이 달리는 트랙을 뛰면 결승점에 다다랐을 때 엄청난 보상이 주어질 줄 알았는데, 실상 그 보상은 기대치에 미치치 못한다. 그래서 결승점에 다다랐을 때 '내가 왜 남을 따라 이 길을 뛰었을까?' 하는 후회를 하게 되곤 한다.

이제는 남들이 만들어 놓은 트랙을 뛰기보다 새로운 트랙을 만들어 뛰는 사람들이 점점 더 많아지고 있다. 자기만의 트랙을 발견했다는 것 자체가 성공에 이를 수 있는 첫 관문을 통과한 것과 마찬가지이다. 기존 성공의 기준이 아니라 '자신의 잠재력을 발휘하는 삶을 산다'는 것을 성공의 기준으로 삼는다면 충분히 성공적인 스토리들이 많이 만들어질 수 있다.

"당신의 아이가 잘하는 게 뭔가요?"라고 물었을 때 많은 부모가 "특별히 잘하는 게 없어요."라고 답하거나 "공부는 안 하고 축구만 좋아해요."라는 식으로 답한다. '잘하는 것 = 공부'라는 기준이 부모들의 머릿속에 자리 잡고 있는 것은 아닌지 우려되는 부분이다. 공부라는 협소한 기준으로만 아이가 잘하는 것을 찾으려고 하니 잘하는 게 보이지 않는 게 아닐까? 운동을 잘하는 것이 공부와 직접 관련이 없으니 축구를 잘하는 것은 인정해주고 싶지 않은 게 아닐까?

평균에 집착하면 그로 인해 잃게 되는 기회비용이 크다. 평균이라는 틀에 갇혀 있으면 남과의 비교와 평가로 아이가 잘하는 것보다 못하는 것에 집중하게 되고 많은 시간과 에너지를 평균에 맞춰가는 데 소모하게 된다. 각자 다른 아이들을 비슷하게 교육하려고 하면 당연히 그 안에서는 자신이 가진 잠재력을 펼치지 못하는 아이들이 생긴다. 평균의 잣대를 내려놓아야 아이의 잠재력을 발견하기가 더 쉬워질 뿐만 아니라 잠재력을 개발해줄 방법도 다양하게 모색하게 된다.

당신의 아이가 평균이라는 협소한 기준에 맞추느라 개별성을 잃어버리게 두고 싶은가, 아니면 자신의 개별성을 살려 그 개별성을 사회에서 발휘할 수 있는 기회를 만들도록 돕고 싶은가? 이제 이 질문에 부모들이 진지하게 답해야 한다.

자기를 디자인하는 힘을
키워야 하는 시대

나는 자기만의 트랙을 만들어 달릴 수 있는 힘을 '나를 디자인
design하는 힘'이라고 비유한다. 영어로 design은 '해체' 혹은 '분리'
라는 의미를 가진 'de'와 '보이는 것' 혹은 '표징'이라는 의미를 가
진 'sign'이 합쳐진 말로, 결국 '보이는 것을 해체하는 작업'이라고 할
수 있다. 제품 디자인이든 상품 디자인이든 디자인을 잘하기 위해서
는 보이는 것, 뻔한 것, 남들도 하는 것에서 벗어나서 새로운 가치나
차별성을 만들어 낼 수 있어야 한다. 그래야 팔리는 디자인이 된다.

삶을 살아가는 과정도 결국은 나를 디자인하는 과정이라고 볼
수 있다. 나를 하나의 멋진 작품이라고 생각하면 나를 나답게 디자
인하는 것도 중요하지만 작품으로 가치를 인정받는 것도 중요하다.
내부의 사인과 외부의 사인이 자연스럽고 조화롭게 만나는 지점에
서 멋진 디자인이 나오듯 내가 가진 '흥미, 재능, 관심'이라는 내 안의
사인과 '필요성, 요구, 중요성'이라는 외부 사인이 만나는 지점을 잘
찾아서 그 지점을 내 잠재력을 펼치는 장으로 활용해야 한다.

평균이라는 굴레에서 벗어나지 못하면 계속 내부 사인을 무시하
고 외부 사인만을 집중하게 된다. 그런데 외부 사인에만 집중하면 쉽
게 지칠 뿐만 아니라 잠재력을 발휘하지 못해 성과를 내기 어렵다.

부모들이 많이 토로하는 자녀에 대한 고민 중 하나가 자녀가 '꿈
이 없다'는 것이다. 뭘 하고 싶은지 물어도 하고 싶은 게 없다는 아이

의 답에 부모의 걱정은 쌓여간다. 그런데 정말 아이가 하고 싶은 게 없는 걸까? 아니면 하고 싶은 것은 있지만 평균의 기준과 맞지 않아 꿈꾸지 않는 것은 아닐까? 부모들이 원하는 것, 사회에서 인정하는 것을 인지하게 되면서 아이들은 더 이상 꿈이라는 것에 관해 이야기하고 싶어 하지 않게 된다. 평균의 시대가 원하는 기준을 맞추지 못할 것이 두려운 아이들은 더 이상 꿈을 꾸지 않는다.

나를 디자인하는 힘을 키우기 위해서는 내 안의 사인을 무시해 버리는 습관에서부터 벗어나야 한다. 외부의 사인에 너무 집착하던 습관에서 벗어나야 한다. 그렇다면 어떻게 해야 자녀가 자신을 잘 디자인해 나가도록 도울 수 있을까?

자신만의 디자인을 도와주는
부모들의 특징

'저 집 아이의 부모는 도대체 어떻게 교육을 했을까?'

일상적이지 않은 길을 걸었지만 자신의 길에서 성공한 사람들을 보면 먼저 이런 호기심이 든다. 세계적인 교육학자인 토니 와그너 Tony Wagner도 비슷한 궁금증을 가지고 연구를 시작했다. 젊은 혁신가들을 만나며 과연 그들의 교육 환경에 어떤 요소들이 존재했는지 알아보고자 했다. 그가 젊은 혁신가들뿐만 아니라 그들의 부모나 멘토들과 인터뷰를 하면서 무엇이 그들로 하여금 젊은 혁신가가 될 수 있도록 도왔는지 탐색한 결과를 정리한 책이 바로《이노베이터의 탄생》(열린책들)이다.

인터뷰 결과 토니 와그너는 젊은 이노베이터들의 성장을 도왔던 원동력 세 가지를 발견했는데 그것은 바로 '놀이, 열정, 목표'이다. 어린 시절에 흥미를 느끼고 시작한 놀이가 이들의 자연스러운 관심사가 되었고, 거기에 열정을 느껴 청소년기와 성인기에 이르러 직업과 인생 목표로 발전한 공통적인 스토리를 가지고 있었다. 이들에게는 무엇을 공부하는가보다 더 중요한 것이 자신이 흥미를 느끼는 대상을 찾아내는 일이었고, 그 과정에서 부모나 멘토가 중요한 촉진자의 역할을 해주었다.

예를 들어 이들의 부모는 놀이와 같은 방법으로 어린 자녀의 상상력을 키워주었고, 좋아하는 일로 성공 경험을 쌓도록 해주었다. 명문 학교를 자퇴하겠다는 자녀의 선택을 존중해주었고, 실패를 통해서 배울 수 있도록 해주었다. 무엇보다 이들의 부모는 자녀가 자신의 취향에 맞춰 남들과 '다르게 살기'를 선택할 수 있도록 응원해주었다. 부모가 자신이 좋아하는 일을 인정하고 응원해주었기 때문에 그 자녀들은 '내적 동기'가 충분히 채워질 수 있었다. 생각해보자. 나는 과연 우리 아이에게 그런 부모가 되어주고 있는가?

수용 받는 환경으로 자기력을 키운다

《다섯 가지 미래 교육 코드》를 출간하고 나서 가장 많이 받았던 질문의 하나가 "다섯 가지 역량 중에서 가장 중요하다고 생각하는 역량이 무엇인가요?"라는 질문이다. 이 질문을 받을 때마다 나는 서슴없이 '자기력'이라고 답했다. 자기력은 자신을 이해하고, 사랑하고, 개발하는 능력인데, 나머지 인간력, 창의융합력, 협업력, 평생배움력을 키울 수 있는 기초 체력이 된다. 자기력이라는 말은 '자기'와 '력'을 합성해서 내가 만든 용어로, 창의력, 협업력처럼 자기를 잘 알고 쓸 수 있는 능력이 매우 중요한 힘임을 강조하고자 했다.

다음 자기력 체크리스트를 통해 나를 점검해보자.

☐ 내가 무엇을 좋아하는지, 어떤 욕구가 있는지 명확하게 안다.
☐ 나의 강점과 단점, 그리고 다른 사람과의 차별성에 대해서 안다.
☐ 나를 있는 그대로 사람들에게 보여주는 것을 두려워하지 않는다.
☐ 다른 사람과 비교하지 않고 나의 존재 자체를 인정하고 사랑한다.
☐ 나의 말과 행동에 대해 믿음이 있으며 책임을 질 수 있다.
☐ 내가 가진 잠재력을 믿고, 이를 지속해서 개발하고자 노력한다.
☐ 나는 가장 나다운 인생을 살고 싶다.

얼마나 많은 항목에 체크하였는가? 이렇게 자기력을 점검하는 시간을 가지고 이에 대한 이야기를 나누면 "저 스스로가 자기력이 부족했음을 느낍니다."라고 얘기하는 부모들이 꽤 있다. 이런 성찰은 매우 중요하다. 자기력의 중요성을 알고 스스로 자기력을 키우고 자 노력했던 부모들이 자녀의 자기력에 관해서도 관심을 가지고 키 워주려고 노력하기 때문이다.

자기력이 없는 아이들은 자신만의 트랙을 만들어보려는 시도를 하지 않는다. 자신에게 어떤 잠재력이 있는지 모르고, 자존감이 낮 으며, 무엇을 열심히 해보고자 하는 동기가 높지 않다. 이런 아이들 의 경우 여러 갈래로 뻗을 수 있는 길이 주어져도 쉽사리 움직이지 못 한다. 어떤 길이 자신에게 맞는 길인지 판단하지 못하고, 혼자서 방 향을 결정해서 달리는 것이 두렵기 때문이다. 그러니 자녀가 자신의 삶을 디자인하도록 돕고 싶다면 먼저 자기력, 즉 자기를 잘 알고 쓸 수 있는 능력을 갖추도록 도와야 한다.

이를 위해 부모들이 꼭 기억해야 하는 것이 있다. 자기력의 최대 적이 '다름에 대한 두려움'이라는 것이다. 철학자인 크리슈나무르 티Krishnamurti는 그의 저서 《크리슈나무르티, 교육을 말하다》(한국 NVC센터)에서 '지금까지 교육은 다른 사람과 달라지는 것, 사회의 기 존 틀과 반대로 생각하고 행동하는 것을 두려워하는 마음을 갖도록 조장해왔는데, 이런 두려움이 자리 잡는 순간 아이들의 자발성은 사 라진다.'라고 말한다. 그리고 '자기 이해를 통해 다름에 대한 두려움 을 없애주어야 한다.'고 주장한다.

크리슈나무르티가 우려하듯 부모나 교사가 원래 아이가 가진 모 습이 아닌, 되어야 하는 모습을 강요하면 아이 안에 두려움이 생기 고 그 두려움이 아이의 성장에 큰 방해 요소가 된다. 자기 안에 두려움이 생기면 자신을 드러내기가 힘들고 새로운 도전을 하기도 어려워진다. 따라서 부모들은 아이가 자신의 원래 모습을 그대로 드러내도 수용받을 수 있는 안전한 환경을 만들어주도록 노력해야 한다. 부모가 이상이라는 필터를 통해 아이를 보지 않고, 있는 그대로의 아이의 성향이나 특징을 눈여겨 봐준다면 자녀도 자신을 있는 그대로를 받아들일 수 있게 된다. 이렇게 두려움 없이 자유롭게 자신을 알아차리는 것이 자기력을 키우는 데 가장 중요한 습관이다.

자녀의 취향을 존중한다

당신은 자녀의 취향에 대해 잘 알고 있는가? 어떤 부모들은 자녀들이 어떤 취향이 있는지 모르기도 하고, 어떤 부모들은 자녀 취향을 알면서도 모른 척하기도 한다. 모른 척하는 이유는 그 취향이 부모 입장에서 맘에 들지 않거나 당장 학습과 관련이 없기 때문이다. 그런데 만약 자녀의 취향에 아이의 잠재력이 숨겨져 있다는 확신이 있다면 그래도 관심을 가지지 않겠는가?

지금은 종방했지만 예전에 〈영재 발굴단〉이란 프로그램을 즐겨 보았었다. 그때 내가 〈영재 발굴단〉에서 관심 있게 보았던 것은 주인공인 아이들이 아니라 그들의 부모들이었다. 〈영재 발굴단〉에 출현하는 아이들은 일반 아이들과 다른 취향을 가지고 있었다. 영재성을 가진 아이들을 다들 부러운 눈으로 바라보는데 그 아이들의 영재성의 시작은 남들과 다른 독특한 취향이었다. 특별히 노래 부르기를 좋아하는 아이, 그림 그리기를 좋아하는 아이, 언어를 배우는 것을 좋아하는 아이…, 이렇게 자기만의 취향이 확실한 아이들을 부모들이 어떻게 교육했기에 그 아이의 취향을 영재성으로 발전시킬 수 있었을까?

〈영재 발굴단〉에 출현했던 전이수 학생의 사례를 살펴보자. 이수가 어릴 때부터 그림을 좋아하는 걸 알았던 이수의 부모님은 언제 어디서나 이수가 그림을 그리게 해주었다. 그 아이에게 특별히 영재교육을 해준 게 아니라 이수의 취향을 존중해서 그림을 가지고 최대한 잘 놀도록 해준 것이다. 그리고 아이들에게 더 좋은 환경을 제공해주고자 제주도로 이사하는 큰 결정을 내렸다. 그 결과 지금 이수는 몇 권의 책을 내고 전시회를 연 작가이자 화가로 활동하며 자신의 삶을 멋지게 디자인해가고 있다.

이렇게 좋아하는 일, 혹은 잘하는 일을 가지고 자신을 디자인하게 돕는 부모들을 보면 몇 가지 공통점이 있다.

우선 자녀의 취향을 존중해준다. 자녀가 좋아하는 일에 관심을 두고 자녀가 그것에 몰입할 기회를 만들어준다. 자신이 하고 싶은 일에 시간과 에너지를 폭발적으로 쏟아볼 수 있도록 도와주며, 그 일에 대해 함께 이야기를 나누는 상호작용 시간을 많이 갖는다. 또한 자신의 취향을 가지고 재미있게 이런저런 실험을 해볼 수 있도록 하며 그 과정에서 자녀가 실수하더라도 그것을 통해 배우도록 격려한다. 무엇보다 가장 중요한 것은 부모가 남다른 부모가 되는 '대범함'을 갖는다.

"(다른) 부모가 되기 위해서는 신념과 용기가 필요하다. 무엇보다도 부모로서 자기 자신에 대한 신뢰, 즉 자신의 직관과 판단, 가치관에 대한 신뢰가 필요하다."

교육학자인 토니 와그너의 말처럼 '다른 부모'가 되기 위해서는 신념과 용기가 필요하다. 우리 아이를 잘 모르는 다른 사람들의 말을 따르기보다는 자녀의 말에 더 관심을 가지고 호기심을 가져야 한다. 그리고 외부의 기준을 따르기보다는 자신의 직관과 판단을 따라야 한다. 그리고 더 중요한 한 가지는 자녀에 대해 너무 일찍 속단하지 말아야 한다는 것이다.

속단하지 않고 기다려준다

'될성부를 나무는 떡잎만 봐도 안다'는 속담이 자식 농사에도 적용이 될까? 나는 오히려 반대라고 주장하고 싶다. 자식을 키울 때는 어릴 때 떡잎을 보고 성장한 모습을 단정하면 안 된다. 아이들은 자라면서 계속 변하기 때문이다. 뇌가소성 연구들은 아이들에 대한 이런 속단이 왜 어리석은지 알려준다. 우리 뇌의 회로는 새로운 자극을 통해 계속 변화하기에 그 변화 속에서 아이들은 새로운 가능성과 기회를 만들게 된다.

교육 회사를 운영하고 강의를 하는 나를 보고 사람들은 내가 어릴 때부터 엄청 적극적이고 말을 잘했을 거라고 생각한다. 그리고 저서를 계속 내는 것을 보고 어릴 때부터 글쓰기를 좋아하고 잘했을 거라고 생각한다. 그런데 사실은 전혀 그렇지 않다. 학창 시절 나는 아주 조용한 아이였고 눈에 띄지 않는 평범한 아이였다. 글쓰기로 칭찬을 받아보거나 상을 받아본 적도 없었다. 지금 나의 많은 부분은 개발된 나의 모습이다. 어릴 때부터 재능이 있었다기보다는 크면서 다양한 경험을 통해 관심이 생기고 열정이 생겨서 하는 일들이다.

아들이 좋아하는 포켓몬 카드에 나오는 포켓몬들을 보면 기본, 1진화, 2진화의 모습이 각각 다르다. 2진화하면서 생김새가 완전히 달라지는 포켓몬도 있고, 진화하면서 계속 파워가 높아진다. 가끔 아들이 "저는 엄마랑 다른 것 같아요." 하고 말하면 이런 말을 해준다.

"엄마도 어릴 때 지금과 달랐는데 계속 진화하는 중이야. 지금은 1진화 정도를 했고 앞으로 2진화를 할 거야. 엄마처럼 너도 앞으로 계속 진화할 거니 너의 진화된 모습을 기대해봐."

부모가 자녀의 현재의 모습을 보고 미래를 속단하지 않아야 자녀도 그런 태도로 자신을 바라볼 수 있다. 지금 자녀의 모습은 미래에 완성될 퍼즐의 한 조각에 불과하다는 생각으로 호기심과 가능성의 눈을 통해 자녀를 바라봐주자.

코로나19를 겪으면서 우리는 미래에 대해서는 어떤 한 가지도 정확하게 예측할 수 없음을 알았다. 우리 아이의 미래 모습도 마찬가지이다.

잠재력을 발견하고
개발하도록 돕자

"아이의 잠재력을 잘 키워주고 싶어요. 그런데 어디서부터 어떻게 시작해야 할지 막막해요."

이런 하소연을 하는 부모들에게 내가 하는 제언은 다음과 같다.

"자녀와 함께 시간을 많이 보내면서 호기심을 가지고 자녀를 관찰하세요."
"자녀가 관심 있는 주제에 대해 대화를 하면서 구체적으로 무엇에, 그리고 왜 관심이 있는지 살펴보세요."

"자녀가 좋아하는 일, 잘하는 일로 무언가를 만들어보는 경험을
하게 해주세요. 그리고 그것에 대해 피드백을 받게 하세요."

구체적으로 이것을 어떻게 실천해볼 수 있는지 살펴보자.

자녀와의 상호작용이 엄청난 투자다

다음 자녀에 대한 질문 중에서 어떤 질문에 대해 자신 있게 답할 수
있는지 생각해보라.

위의 질문들에 자신 있게 답하지 못하겠다면 당신에게는 과감한 투자가 필요하다. 그 투자는 돈이 아닌 더 값진 것을 요구한다. 그 값진 투자는 바로 자녀와 보내는 시간이다. 특히 어린 자녀를 둔 부모라면 학원에 보내는 시간보다 더 중요한 게 자녀와 보내는 시간이다.

정확하게 이야기하자면 그냥 시간이 아니라 '호기심 어린 관찰의 시간'이 필요하다. 코로나19로 인해 아이들이 학교에 가지 못하고 집에서 원격 수업을 하다 보니 아이들과 함께하는 시간이 자연스럽게 늘게 되었다. 이 시간은 부모들 입장에서 부담스러울 수도 있지만 '호기심 어린 관찰의 시간'을 갖기에는 다시없을 좋은 기회이다.

앞서 강조했듯이 '평균'의 안경을 쓰고 보면 절대 아이가 잘하는 게 보이지 않는다. 그러니 '평균'의 안경을 벗고 '호기심'의 안경을 써보자. 아이와 대화를 하면서 '잠재력 탐정'이 되었다고 생각해보고, 대화 속에서 아이가 가진 관심사나 욕구의 단서를 찾고, 아이가 언제 행복감을 느끼고 언제 불편한 마음을 느끼는지 살펴보자.

호기심을 가지고 아이를 관찰하려면 먼저 내 마인드셋을 재부팅해야 한다. 내가 아이에 대해 많이 알고 있다는, 혹은 다 알고 있다는 생각을 버려야 한다. '내 자식이니 내가 다 알지.' 이런 생각을 하는 한 자녀에 대해 호기심이 일어나지 않는다.

가끔 아이 친구 엄마가 "OO이는 이런 것 같아요." 하고 내가 못 보았던 아이의 면모를 이야기해주는 것을 듣고 깜짝 놀라던 적이 있지 않은가? 외부인의 눈으로 보면 못 보던 면이 더 잘 보인다. 내가 아이의 10% 혹은 20%만 알고 있다고 생각하고 나머지를 더 알아가고 싶다는 마음으로 아이와 상호작용을 하면서 아이를 관찰해보자.

특히 가장 관심 있게 관찰해야 할 것은 아이의 '동기'이다. 동기 이론에 따르면 우리가 무언가에 행복해하는 이유도, 스트레스를 받는 이유도 결국은 동기이다. 내가 가지고 있는 동기, 혹은 욕구가 충족되었을 때 우리는 행복감을 느끼고 그것이 좌절되었을 때 스트레스를 받는다.

자녀가 가지는 동기는 자녀의 잠재력을 찾는 데 있어 핵심적인 단서이다. 어린 자녀의 경우 같이 놀이를 하면서 자녀에게 만족감을 주는 동기 요인이 무엇인지 찾아보자. 그리고 청소년 자녀의 경우 동기나 욕구에 대해 구체적으로 이야기를 나누어볼 수도 있다. 최근 즐거웠던 일, 스트레스를 받았던 일들을 자연스럽게 이야기하는 과정에서 호기심 레이더를 작동시켜 자녀의 동기 요인을 찾아보는 것이다.

그리고 관찰을 통해 발견하게 된 것을 자녀와 함께 이야기를 나눌 때는 언제 어떤 것을 통해 무엇을 관찰하게 되었는지 구체적으로 이야기를 해준다.

"지난번에 네가 게임에 나오는 캐릭터들의 특징을 노트에 정리하는 걸 보았는데 어떤 내용을 정리하면 좋을지 항목을 먼저 정해놓고, 그 항목에 맞추어 캐릭터를 정리하는 걸 엄마가 관찰했어. 중요한 정보만 딱 집어서 정리하는 능력이 정말 탁월해."

자녀와 이런 대화를 나눌 때 '너는 이런 아이구나.'라고 단정하지
않는 것이 무엇보다 중요하다.

단점을 뒤집으면 잠재력이 보인다

자녀의 장점을 발견하면 잠재력 개발을 도와줄 수 있다. 그런데 아이
러니하게도 부모의 눈에는 자녀의 장점보다 단점이 더 쉽게, 더 많이
보인다. 그런 부모들을 위해 내가 추천하는 방법은 떠오르는 자녀의
단점 뒤에 어떤 장점이 숨겨져 있는지를 생각해보는 것이다.

'우리 아이는 주로 무엇 때문에 야단을 맞는가?'
'내가 생각하는 우리 아이의 가장 큰 단점이 무엇인가?'

예를 들어 고집이 세다는 것이 자녀의 단점이라면 그것을 뒤집어
보면 어떤 장점이 될까? 고집이 세다는 것은 어떤 일을 할 때 의지가
강하다는 것이다. 변덕이 심하다는 것을 뒤집어서 생각해보면 변화
를 즐긴다는 것이다. 이렇게 모든 단점 뒤에는 강점이 숨겨져 있다.

아들 친구 중에 정말 입담이 좋은 아이가 있다. 가끔 아들이 집

에 오면 "오늘도 ○○이가 수업 시간에 떠들어서 선생님께 혼났어요."라고 하면서 그 아이가 수업 시간에 어떤 이야기를 했는지 들려주는데, 얘기를 들어보면 정말 재치가 넘친다. 선생님께서는 떠든다는 이유로 혼이 날지 모르지만 이 아이가 늘 혼나는 그 지점에 '재치, 입담, 사교성'이라는 강점이 숨겨져 있다. 그런데 그 숨겨진 강점을 봐주지 않고 계속 혼만 내게 되면 그 아이는 그 장점의 가치를 보지 못하게 된다.

모든 것에는 양면성이 존재한다. 심리학자인 융Jung의 비유대로 '그림자가 있으면 빛이 존재하고, 그림자가 강하다는 것은 빛이 그만큼 강하다'는 의미이다. 아이의 단점이라고 생각하는 그림자 뒤에는 빛이 숨겨져 있다는 사실을 잊지 말자.

아이의 장점은 자신에게 가장 잘 맞고 편안한 플레이그라운드이다. 어떤 일을 계획을 세워 꼼꼼하게 하는 아이의 경우, 그러한 환경에서 무언가 하거나 공부하는 것이 그 아이가 더 좋은 성과를 낼 수 있게 해준다. 자유분방하고 변화를 즐기는 아이의 경우, 그것이 허용되는 환경에서 자신의 끼를 더 잘 발휘할 수 있다. 그러니 역으로 자녀가 잠재력을 꽃피울 수 있는 최적화된 편안한 플레이그라운드를 자녀의 장점이 알려줄 수 있다.

심층 연습의 경험과 피드백 기회를 제공하라

자신의 재능을 잘 개발한 사람들은 어떤 비밀을 가지고 있을까? 대니얼 코일Daniel Coyle의 《탤런트 코드》(웅진지식하우스)는 이 궁금증에 대한 힌트를 제공한다. 이 책은 재능을 폭발시키는 세 가지 비밀에 대해 알려주는데, 그 세 가지는 '심층 연습, 점화 장치, 마스터 코치'이다. 대니얼 코일은 재능 계발에서 핵심적인 것은 '타고난 어떤 것'이 아니라 '어떤 방식으로 연습하고 어떻게 완벽을 추구하느냐'라고 말한다.

대니얼 코일은 우리 뇌에는 '미엘린myelin'이라는 백색 물질이 있는데 이 미엘린 층이 두꺼워질수록 운동을 하든 음악을 하든 우리의 생각과 동작이 더 빠르고 정확해진다고 설명한다. 그런데 미엘린 층이 두꺼워지도록 하는 것이 바로 '심층 연습'이다. 대니얼 코일이 설명하는 심층 연습이란 단순한 반복 연습이 아니라 '자신이 하는 행동이 무엇이 잘되는지 안 되는지 정확히 알고 그것을 정확히 해낼 때까지 반복해서 연습하는 것'이다.

많은 학자가 재능을 발견하고 키우기 위해서 '몰입 경험'의 중요성을 이야기하는데, 이 몰입 경험에서 빠질 수 없는 것이 바로 심층 연습이다. 그림 그리기든, 운동이든, 책 읽기든 아이들이 좋아하는 일에 무조건 시간을 많이 투자한다고 해서 재능이 계발되는 것은 아니다. 어떤 일이든 처음에는 재미있게 시작하지만 시간이 지나면 '진짜' 제대로 해야 하는 시점이 다가오는데, 그 순간을 어떻게 보내는지에 따라 포기하는 아이와 지속하는 아이로 나뉜다.

《내 아이의 재능, 어떻게 찾아낼까?》(코르넬리아 니취, 담푸스)라는 책에서는 재능 계발 과정에서 중도 탈락하는 아이들의 유형을 다음과 같이 구분한다.

1 언제나 초보인 아이 : 새로운 것을 하고 싶다는 핑계로 하던 것을 계속 그만두는 아이

2 언제나 지나치게 열심인 아이 : 욕심이 너무 많고 완벽주의 성향이 있어 빠르게 발전하지 않으면 견디지 못하는 아이

3 언제나 긍정적인 아이 : 하던 일에 어려움을 느끼면 부정적 기분을 피하고 싶어 망설임이나 고민 없이 포기하는 아이

이 세 가지 유형 모두 '심층 연습'의 고비를 넘기지 못하는 케이스이다. 이 단계를 잘 넘기 위해서는 대니얼 코일이 이야기한 두 번째와 세 번째 탤런트 코드인 '점화 장치'와 '마스터 코치'가 필요하다.

'점화 장치'는 한마디로 '동기 에너지'이다. 기꺼이 어려움을 이겨내고 이것을 해내겠다는 마음의 동력이 있어야 자신의 재능을 발전시킬 수 있다. 대부분 처음에는 좋아하는 일이기 때문에 점화 장치가 자동으로 켜지지만 시간이 지날수록 그 불꽃이 희미해진다. 이때 필요한 것이 다른 동기 요소이다. '명확한 목표, 자기 격려, 외부의 인정과 응원, 롤모델' 등이 이런 동기 요소가 될 수 있다. 특히 부모의 인정과 응원은 아이가 재능 계발 과정에서 어려운 고비를 넘길 수 있도록 가슴을 뜨겁게 해주는 점화 장치가 될 수 있다.

점화 장치를 통해 마음의 온도를 유지하는 것도 중요하지만, 결국 좋아하는 일이 잘하는 일이 되는 '업그레이드' 경험을 하는 것이 재능 계발에서는 중요하다. 자신이 계속 발전해가는 느낌을 받고 성공 경험을 쌓아야 재능 발견에서 끝나지 않고 재능 계발로 이어질 수 있다. 그러기 위해서는 어떤 부분을 보완하면 더 잘할 수 있는지에 대해서 구체적으로 피드백을 해줄 수 있는 사람이 필요하다. 그 피드백을 통해 보완해야 그 이후 폭발적인 성장을 할 수 있기 때문이다. 부모가 이 역할을 해줄 수도 있겠지만 좀 더 전문적인 피드백을 위해서는 그 분야의 전문가나 코치가 필요할 수 있다. 부모도 자녀도 외부의 피드백을 받는 일을 두려워하기보다는 적극적으로 피드백을 받고 그것을 성장의 원료로 활용할 수 있어야 한다.

지인의 아이 하나가 요즘 스케이트보드를 타고 있다. 처음에는 혼자 동네에서 스케이트보드를 탔는데, 어느 순간 더 이상 실력이 늘지 않는 것을 느끼고 레슨을 받고 싶다고 했다고 한다. 레슨을 받으면서 선생님이 계속 잘되지 않는 부분에 대해 피드백을 해주었고, 아이가 이를 개선했더니 몰라보게 실력이 향상되었다는 얘기를 들었다. 이처럼 적절한 피드백을 받는 경험은 재능 계발에 있어 필수적이다.

그런데 위의 재능을 발전시키는 탤런트 코드 세 가지는 '시도한다'는 것을 가정하고 있다. 많은 아이가 좋아하는 일을 혼자서 해보는 수준에서 머무는 경우가 많은데, 자신의 관심사와 능력을 시험해

볼 기회를 가져야 한다. 앞서 디지털 네이티브의 특징에서 소개했듯이 디지털 네이티브인 아이들은 자신의 디지털 기술을 매개로 자신을 표현하고 디지털 세계에서 다른 사람과 연결맺는 것을 좋아한다. 그러니 디지털 기술과 도구를 사용해 작지만 자신의 결과물을 만들어보도록 하자. 디지털 세계가 가지는 부작용 때문에 걱정이 될 수는 있지만 이것을 무조건 배척하기보다는 아이들이 재능을 계발하는 플레이그라운드로 잘 활용하면 좋다.

자기가 만든 작품, 동영상, 가시화된 결과물을 만들어보는 경험을 하면서 아이들은 성공의 맛을 느낄 뿐만 아니라 연습의 중요성, 인내심의 가치를 깨닫게 될 수 있다. 그리고 무엇보다 결과물에 대해 피드백을 받는 귀한 기회를 가질 수 있다. 잘하는 것으로 무언가의 결과물을 내보는 경험, 이 경험이야말로 우리 아이들의 잠재력 개발에 있어 핵심이라고 할 수 있다.

커리어도
디자인해야 한다

자녀가 "저는 커서 유튜버가 되고 싶어요."라고 말했을 때 일반적인 부모의 반응은 어떠할까? "그걸로 돈 못 벌어.", "아무나 하냐.", "그건 직업이 아니야."와 같은 반응이 대다수일 것이다. 그러나 유튜버와 같은 '크리에이터'는 현재 초등학생들이 선망하는 직업 3순위이다.

한국직업능력개발원에서 실시한 '2019년 초·중등 진로교육 현황조사' 결과에 따르면 초등학생들의 경우 희망 직업의 1위는 운동선수, 2위는 교사, 3위는 크리에이터였다. 이 조사 결과를 살펴보면 10년 전보다 아이들의 희망 직업이 다양해졌는데, 초등학생은 크리에이터, 생명 자연과학자 및 연구원, 중학생은 심리상담사/치료사, 작가, 일러스트레이터, 고등학생은 화학공학자, 연주가/작곡가, 마케팅 홍보 관련 전문가가 20위권에 새롭게 등장했다. 또한 학생들이 희망직업을 선택할 때 가장 중요하게 고려하는 요소로는 '좋아하고 잘 해낼 수 있는 일(초 72.5%, 중 69.7%, 고 69.0%)'이 압도적으로 많이 나타났다.

기존의 직업이 사라지고 새로운 직업이 계속 생겨나는 시대에 아이의 진로 교육을 어떻게 해야 할까? 미래 사회에서 직업 세계의 변화에 대한 이야기를 아무리 많이 들어도 부모들은 체감하지 못한다. 내가 직업을 선택할 때 예를 들어 '크리에이터'라는 직업이 없었기 때문이다. 게다가 '우리 아이 때까지는 괜찮겠지.'라는 생각으로 위기감을 잊어버리려 한다. 그래서 아이의 진로에 대해 새로운 시각을 가지려는 적극적인 노력을 하지 않는 경우가 많다.

그 결과 많은 부모가 여전히 현존하는 직업에 맞추어 자녀를 키운다. 자녀의 관심사나 재능과 관계없는 직업을 강요하기도 하고, 사회적으로 인정받아온 특정 직업을 목표로 아이를 공부에 밀어 넣기도 한다. 위의 '2019년 초·중등 진로교육 현황조사' 결과가 보여주듯 아이들은 '좋아하고 잘 해낼 수 있는 일'을 기준으로 직업을 선택하려고 하는데, 부모가 원하는 직업에 자녀를 맞추려고 하다 보면 자녀는 점점 더 자신의 진로에 있어 소극적으로 되고 만다. 이제는 커리어도 스스로 디자인해야 하는 시대이다.

다양한 커리어 스토리에 눈을 돌리자

우리는 누구나 어떤 판단이나 결정을 할 때 경험치에 의존한다. '예전에 그랬으니까 지금도 그렇겠지.'라는 생각으로 과거의 경험을 끌어와 현재의 문제에 대한 해결책으로 활용한다. 부모들도 마찬가지다. 그런데 과거의 경험치를 활용하기에는 현재가 너무 빠르게 변화하고 있다.

자녀가 커리어를 적극적으로 디자인하길 바란다면 기존에 알던 커리어 스토리가 아닌 지금 만들어지고 있는 다양한 커리어 스토리에 관심을 가져야 한다. 커리어를 만들어가는 다양한 방법을 알아야 기존에 알고 있는 평균의 길을 강요하지 않을 수 있다.

주변을 호기심 있게 둘러보면 기존의 직업 세계와는 다른 세계에서 자신의 커리어를 성공적으로 만들어가고 있는 사람들의 사례가 많다. 그런데 자녀가 평범한 길을 가서 안정적으로 살았으면 좋겠다는 마음에 그런 사례가 별로 눈에 들어오지 않는다.

직업 세계의 변화와 관련해서 부모들이 눈여겨보아야 할 변화는 '일의 탄력성'이다. 부모 세대들은 '직업' 하면 어떤 직장에 취업해서 어떤 부서에 소속되어 아침 9시부터 6시까지 근무하는 것을 떠올리지만, 우리 아이들은 전혀 다른 직업 세계를 경험하게 될 것이다. 취업이 아닌 창업을 선택하여 사업가가 될 수도 있고, 어딘가에 소속되지 않고 독립적으로 일을 할 수도 있다. 어딘가에 소속되어 일

하더라도 특정한 오피스가 없는 사이버 업무 공간에서 일할 확률이 높다. 《일의 미래》(린다 그래튼, 생각연구소)에서도 2025년에는 독립적으로 일하는 사람이나 소규모 집단에서 일하는 사람의 비율이 더욱 늘어날 것이라고 예측하고 있다.

대학에 재직하던 당시 '창업'을 준비하는 대학생들이 많았는데, 그들 중에서는 창업에 성공하면 대학을 그만두겠다는 학생들이 있었다. 실제로 대학교 2학년 때부터 친구와 동업으로 창업을 하고 졸업할 당시 나보다 더 많은 연봉을 받는 대표가 된 친구도 있다.

평범하지 않은 길을 선택하여 자신의 커리어를 만들어가는 사람들을 보면서 '저 사람은 특별하니까'라고 생각한다면 생각을 바꿔보자. '만약에'라는 가능성을 가지고 '우리 아이도 저런 길을 간다면'이라고 생각해보자. 우리 아이도 그런 길을 간다면 이제부터 어떻게 돕겠는가?

아는 만큼 보인다고 부모도 아이도 다양한 커리어 스토리를 접해보아야 한다. 아이들이 아는 직업, 그리고 직업에 대한 정보는 아주 제한적이다. 다양한 방법으로 커리어를 만들어간 사람들의 사례를 자녀가 많이 접할 수 있도록 해주자. 미디어에 나온 사례이든, 책을 통해 알게 된 사례이든, 주변 지인의 사례이든 다양한 모델링을 제공하는 것은 자녀가 커리어에 대한 생각의 폭을 넓혀 가는 데 도움이 된다. 특히 자신이 가진 관심과 재능을 잘 살려 그것을 커리어로 펼친 사례들을 알려주자.

커리어 발달에는 다양한 외부적, 내부적 변수가 존재한다

"선생님은 여러분 나이에 지금 이런 일을 하고 있을 거라고 예상했을까요?"

청소년들에게 진로 교육을 할 기회가 생기면 꼭 던지는 질문이다. 학생 중에는 '그렇다'라고 답하는 아이들도 있고 '그렇지 않다'라고 답하는 아이들도 있다. 답은 '그렇지 않다'이다.

커리어 발달과 관련해서 아이들이 가지고 있는 오해 중 하나가 커리어 발달이 인과 관계에 맞추어, 혹은 선형적linear으로 이루어진다고 생각하는 것이다. '어릴 때부터 음악을 좋아했으니 커서 음악가가 되었겠지', 혹은 '게임 개발을 하는 걸 보니 공대를 나왔겠지'…. 이렇게 단편적으로 생각한다. 그런데 우리가 성인이 되어 경험했듯 진로 발달은 절대 선형적이지 않으며, 다양한 외부적, 내부적 요인이 영향을 주고받으며 발달한다.

이를 알려주기 위해 고등학생들을 대상으로 진로 워크숍을 진행하면서 아이들과 함께 자기 분야에서 나름 성공한 사람들의 커리어 스토리를 완성하는 활동을 해보았다. 그 사람의 커리어 발달 스토리를 일부 알려주고 발달에 영향을 준 외부 요인과 내부 요인을 찾아보면서 전체 스토리를 완성하는 방식이었다. 외부 요인에는 '어떤 경험을 했는가, 누구를 만났는가, 어떤 교육을 받았는가, 어떤 위기를 겪었는가?' 등이 포함되어 있었고, 내부 요인에는 '관심사, 강점,

동기' 등이 포함되어 있었다. 아이들은 내적 요인과 외적 요인의 영향을 받아 다이내믹하게 구성되는 인물의 진로 스토리를 보면서 '자신의 진로도 지금의 생각과 다르게 변화할 수 있겠구나.'를 알게 되었다고 이야기했다.

부모가 아이에게 다양한 커리어 스토리를 알려줄 때도 이렇게 진로 발달의 과정을 보여줄 수 있어야 한다. 결과적으로 '이 사람이 이렇게 성공했다.' 혹은 '이렇게 돈을 잘 벌게 되었다.'가 중요한 게 아니라 어떤 과정을 겪었는지를 알려주는 게 중요하다. 《100명의 세계인》(한선정, 소울하우스)에는 현재 전 세계에서 활약 중인 여러 분야의 리더들과의 인터뷰를 실려 있는데, 이들의 성공에 있어 중요한 것은 우리가 생각하는 선천적인 재능이나 전공이 아니라 '함께하는 것을 즐겨요.', '더 나은 세상을 꿈꿔요.'와 같은 성공 씨앗이었다. 그리고 그들이 성장 과정에서 어떤 경험을 하고 누구를 만났는지가 중요하게 작용하였다. 자신의 커리어를 디자인해가도록 도와주기 위해서는 커리어에 대한 부모의 시각이 먼저 바뀌어야 한다.

넘나드는 융합이 경쟁력이 된다

최근 방송계 쪽에서 '부캐'(부캐릭터)가 화재이다. 〈놀면 뭐하니?〉 프로그램에서 방송인 유재석이 보여주는 다양한 부캐는 왜 사람들의 관심을 받는 것일까?

페르소나는 원래 고대 그리스에서 배우들이 쓰는 가면을 지칭하는 용어로, 사람들이 가진 다중적인 인격, 다양한 모습을 지칭하는 말로도 흔히 사용된다. 위에서 말한 부캐와도 그 맥락을 같이 한다. 사람은 누구나 다양한 모습을 가지고 있다. 그런데 지금까지 우리 사회는 한 사람이 가진 다양한 페르소나를 긍정적으로 바라보기보다는 '일관성이 없다'며 부정적으로 바라보았다. 여러 분야에 관심이나 재능을 가진 사람을 응원하기보다는 '한 우물을 파야지'라고 말하기도 했다.

그런데 지금은 바야흐로 융합의 시대이다. 융합의 시대에는 선을 넘나들 수 있는 사람이 기회를 얻는다. 유재석처럼 다양한 분야를 넘나들며 새로운 부캐를 만들 수 있는 사람이 환영받는다. 커리어에 있어서도 마찬가지다. 융합을 잘할 수 있으면 더 독창적으로 자신의 커리어를 디자인할 수 있는 가능성이 커진다. 흔히 정말 좋아하는 일은 직업이 되어서는 안 된다고 이야기하는데, 그 좋아하는 일이 직업적으로 '본캐'는 아니더라도 '부캐'가 되어 본캐를 더 돋보이게 할 수도 있다.

나의 본캐는 '교육자'이지만 부캐는 '보드게임 개발자'이다. '플립'이라는 보드게임을 필두로 계속 교육용 보드게임을 만들고 있다. 본캐는 진지하고 부캐는 유쾌하다. 본캐에서는 교육학적 전문 지식을 주로 활용하고 부캐에서는 창의력과 상상력을 주로 활용한다. 부캐로 필자를 먼저 만난 사람들은 본캐를 알고 좀 놀라기도 한다. 그런데 '보드게임 개발자'라는 부캐는 본캐가 있었기 때문에 가능했다. 교육과 게임을 융합해보려는 시도에서 교육용으로 활용할 수 있는 보드게임을 만들게 되었는데, 그것을 계속하다 보니 어느덧 부캐가 되었다.

커리어를 디자인하는 과정에서 융합을 할 수 있으면 선택지가 더 다양해진다. 내가 생각하지도 못했던 뜻밖의 곳에서 나의 진로를 찾을 수도 있다. 그리고 나만의 전문 분야가 좀 더 확실해져서 같은 일을 하더라도 차별화된다.

지인 중에 사회과 교사가 있다. 그녀는 '피스메이커Peace Maker' 동아리를 운영하면서 아이들에게 싱잉볼 명상과 비폭력 대화를 알려주고 있다. 평소 본인이 관심 있는 분야를 공부해서 그것을 가르치는 직업과 융합시켜서 '명상 전문가'라는 부캐를 만들어가고 있다.

아이들이 커리어를 만들어가는 과정에서 자신의 관심사, 열정, 가치 등을 함부로 버리지 않도록 하자. 다양한 분야에 관심을 두는 것을 독려하고 자신이 좋아하는 것, 잘하는 것을 어떻게 날실과 씨실로 엮어볼 수 있을지에 대해서 고민하도록 하자. 우리 아이들이 스스로 자신의 미래를 멋지게 만들어 가도록 돕는 것이 바로 우리 부모들이 궁극적으로 해야 할 일이다.

"교육이 할 일은 아이들이 미래를 멋지게 만들도록 돕는 것이다."

– 켄 로빈슨 Ken Robinson

Epilogue

—

가보지 않은 길로 함께 나아가자

이 책의 원고를 쓰는 내내 우리 사회는 코로나19로 술렁거렸다. 확진자 수는 감소하는 듯하다가 다시 증가했고, 어렵사리 등교를 시작했다가 다시 전면 원격 수업으로 조정되었고, 내가 했던 면대면 강의들은 대부분 온라인 강의로 대체되었다. 이렇게 외부에서 무언가가 계속 바뀌어가는 상황 속에서 마음을 잡고 글을 쓴다는 일은 쉽지 않았다. 그런데도 원고 작업에 집중할 수 있도록 나의 마음을 붙잡아주었던 것은 '예측할 수 없는 시대에 사는 많은 부모가 가진 불안감을 좀 덜어주고 싶다'는 바람이었다.

코로나19가 한창 기승을 부리던 시기에 학부모 대상 설문을 해보았는데, 많은 부모가 불안해하고 스트레스를 받고 있었으며 앞으로 펼쳐질 교육에 대해 궁금해하고 있었다. 고민을 나눌 곳도 별로 없고 무언가 시원한 해답을 들을 수 있는 곳도 없다 보니 부모들은 점점 더 지쳐가고 있었다. "학교에 가고 싶어요.", "친구들이랑 만나서 놀고 싶어요.", "온라인 수업이 힘들어요." 이런 말을 하는 아들을 계속 달래주는 일이 나도 쉽지 않았다.

가끔 안개 자욱한 길을 운전하게 될 때가 있다. 이때 할 수 있는 일이라고는 전조등을 켜고 앞차를 천천히 따라가며 운전하는 것뿐이다. 앞이 보이지 않는 것이 답답해서 빠르게 길을 통과하려고 속도를 내거나 안개가 걷히길 기다리겠다고 갓길에 차를 주차했다가는 더 위험한 상황에 처하게 된다. 지금 우리의 상황도 마찬가지이다. 급하지 않게 천천히 안개 낀 상황을 헤쳐나가야 한다.

안개 낀 길을 가더라도 내가 가는 길이 이 길이 맞다는 확신만 있다면 좀 천천히 가도 괜찮지 않은가? 부모들이 안개 낀 상황에서도 이정표를 잃지 않고 길을 찾는 데 이 책이 도움이 되길 바라는 마음이 간절하다. 이 책을 준비하면서 포스트코로나 시대 이후에도 바뀌지 않을 중요한 역량이 무엇인지, 그리고 그 이후에 좀 더 새롭게 부각될 역량이 무엇인지에 대해 많은 고민을 했다. 전작인《다섯 가지 미래교육코드》에서 미래 교육으로 가기 위한 큰길을 안내했다면 이번 책에서는 지금 당장 택해야 하는 구체적인 길을 안내하고 싶었다. 아무쪼록 이 책이 아이들과 함께 미래로 나아가고자 하는 부모들에게 든든한 이정표가 되길 바란다.

이 책을 집필하는 동안 많은 부모, 교사, 교육 관계자와 만나 이야기를 나누었다. 평소에 부모 교육을 할 때는 학부모들을 만나고, 교육과 관련된 연수를 할 때는 교사들을 만나다 보니 나는 늘 양쪽의 이야기를 듣는 중간 입장에 처하게 된다. 그러다 보면 양쪽의 입장 차이를 많이 듣게 되는데 코로나19로 인해 갑작스러운 교육의 변화가 많았던 시기에는 그 입장 차이가 꽤 컸다. 부모들은 교사들의 온라인 수업에 대해 불만이 있었고, 교사들은 자신들이 노고를 알아주지 않고 불만을 토로하는 부모들에게 섭섭해했다. 양측의 입장이 모두 이해가 되는 나로서는 그 대립을 지켜보는 일이 많이 불편했다.

코로나19로 인한 급격한 변화를 겪고 있는 지금, 누구나 할 것 없이 애쓰고 있다. 부모도 그렇고 교사도 그렇다. 그리고 아이들도 그렇다. 모두 예상치 못했던 변화에 대처하고 적응하느라 고군분투하고 있다. 그 애쓰는 모습이 겉으로 잘 드러나지 않는 경우도 있고, 다른 사람의 애쓰는 정도가 어떤 사람에게는 성에 차지 않을 수도 있다.

그러나 어려운 시기일수록 날을 세우고 무언가를 평가하기보다는 좀 더 너그러운 마음으로 자신과 타인을 바라보면 좋을 것 같다. 변화에 적응하느라 애쓰고 있는 자기 자신도 칭찬해주고, 나름 자신이 할 수 있는 선에서 변화하려고 애쓰고 있는 타인도 응원해주면 좋겠다. 누구도 가보지 못한 길을 가는 지금 이 시대에 우리가 해야 하는 일은 서로 격려하면서 더 좋은 교육의 방향을 함께 모색하는 것이다. 그 어느 때보다 부모, 교사, 교육 관계자 모두가 우리 아이들을 위한 새로운 교육을 '함께 만들어간다'는 마음가짐이 필요하다.

오늘날과 같은 불확실성 속에서도 우리 아이들을 위해 좀 더 나은 교육 시스템을 만들어주기 위한 고민을 계속해나가야 한다. 이제는 적응력 없는 시스템은 도태될 수밖에 없다. 변화와 혁신에 발맞추어 지속해서 업데이트할 수 있는 교육을 만들어 가기 위해서는 교사와 부모가 환경 변화에 기민하게 발맞추어가야 한다. '오늘의 학생들을 어제의 방식으로 가르치는 것은 그들의 내일을 빼앗는 것이다'라는 교육학자 존 듀이John Dewey의 말을 기억하며 함께 교육을 재설계해나가자.

변화의 시대에 애쓰고 있는 모든 부모, 그리고 교육자들을 진심으로 응원하는 마음을 담아 보낸다.

2020년 9월, 김지영

미래 교육을
멘토링하다

초판 1쇄 발행 2020년 10월 10일
초판 3쇄 발행 2022년 6월 15일

지은이 | 김지영

펴낸이 | 박현주
책임편집 | 김정화
디자인 | 정보라
마케팅 | 유인철
인쇄 | 도담프린팅

펴낸 곳 | (주)아이씨티컴퍼니
출판 등록 | 제2021-000065호
주소 | 경기도 성남시 수정구 고등로3 현대지식산업센터 830호
전화 | 070-7623-7022
팩스 | 02-6280-7024
이메일 | book@soulhouse.co.kr

ISBN | 979-11-88915-36-1 (03590)